扫码看视频·种花新手系列

绣球初学者手册

第 2 版

HYDRANGEA
A BEGINNER'S GUIDE

新锐园艺工作室　组编

中国农业出版社
北　京

目录
CONTENTS

PART 1

绣球是什么样的植物

绣球是什么样的植物

绣球概述

绣球（*Hydrangea macrophylla*）又名八仙花、紫阳花等。因其好打理，不像月季那样容易长虫生病，花期超长，花色多变且可控，受到花友热烈地追捧。原产于我国长江流域和日本，绣球属约有 73 个种，而我国拥有 47 个种和 11 个变种，种质资源十分丰富。有文献记载，我国自唐代起已开始栽培绣球。于 18 世纪由 Sir Joseph Banks 等传入欧洲。

目前，已培育出的绣球品种有 600 多个，欧洲的绣球新品种选育技术处于世界领先地位，主要集中于德国兰普·琼格弗拉，该机构为绣球园艺新品种最主要的培育单位。新的绣球育种公司有荷兰的 Kolster 和 Horteve，以及日本的私人育种家（Hobbist）和专业育种公司。

绣球已在发达国家如日本、荷兰、法国等大量应用，在我国，正如雨后春笋般在各地开始得到应用，且主要以大花绣球、圆锥绣球为主。2012 年，浙江虹越花卉股份有限公司将'无尽夏'引入国内，2013 年将其作为拳头产品进行推广，现在已成为当下最流行的大花绣球品种。

绣球的分类

根据种源及应用环境可分为：

亚洲绣球	园艺绣球	对大多数人来说，绣球等同于大叶绣球，是栽培种最多、种植最为广泛的种。园艺绣球大多是原生大叶绣球经过杂交而成的绣球品种，有的带有山绣球或其他绣球血统。喜水，不耐寒
	山绣球	大部分由泽八绣球的自然变异选育而成，在日本和欧洲的栽培较多。因形态多变，也用于育种。适应性强，耐寒，较耐晒
	圆锥绣球	从圆锥绣球选育和杂交育成的品种。花色较少，目前只有红白两种，大部分品种仅新枝开花，抗性和适应性极强，且极为耐晒和抗旱
北美绣球	乔木绣球	又称光滑绣球，由乔木绣球杂交选育而成的品种，代表品种'安娜贝拉'，耐寒，但不耐旱，仅新枝开花。花序在冬季宿存，也具有一定观赏价值
	栎叶绣球	由栎叶绣球杂交选育而成的品种，以白色为主，耐低温，非常耐阴，株型大，花多，仅新枝条开花
	其他绣球	其他原种绣球的选育品种，欧美国家对原种绣球情有独钟，例如冠盖绣球等

根据花形主要分为：花环形（平顶形）、花球形（圆球形）、圆锥形 3 类。

花环形

中央为可育花，周围为不育花，由二者共同构成花序。

花球形

花序呈球形，
花朵整体基本都是
不育花，可育花极
少，几乎看不见。
野生绣球偶尔会变
异出这种花形，很
多园艺绣球属花
球形。

圆锥形

由较大的不育
花与较小的可育花
形成长条状花序，
可通过修剪培育出
树状造型，这样的
树种在庭院里会非
常吸引人们的眼球。

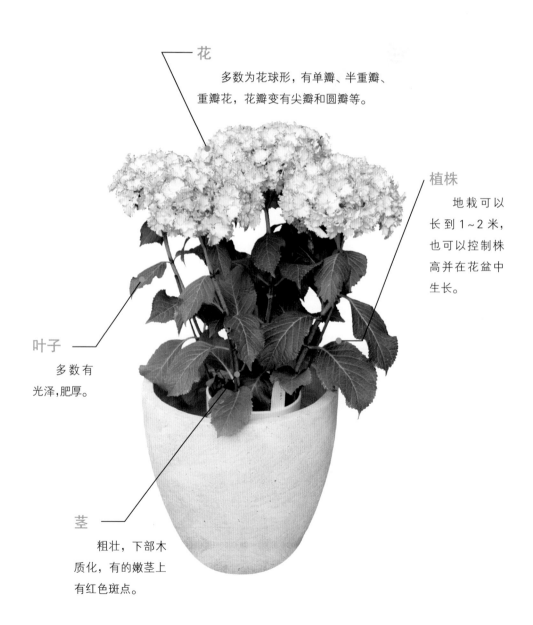

园艺绣球

一般我们在花市和公园见到的绣球大多是园艺杂交种，这个种类的花朵硕大，色彩丰富。从花型看有单瓣花、半重瓣花、重瓣花，而颜色也从白、粉、红、紫、蓝到深蓝、深紫，丰富多彩。

花

多数为花球形，有单瓣、半重瓣、重瓣花，花瓣变有尖瓣和圆瓣等。

植株

地栽可以长到1~2米，也可以控制株高并在花盆中生长。

叶子

多数有光泽,肥厚。

茎

粗壮，下部木质化，有的嫩茎上有红色斑点。

园艺绣球的栽培种最多，也最常见。花市里在春夏之交有很多绣球苗上市。

重瓣园艺绣球

单瓣园艺绣球

山绣球

　　山绣球是由泽八绣球、虾夷绣球和其他原生绣球选育出的品种，因为来自自然变异，花形、花色很多，最近得到育种家和爱好者的重视。一部分园艺绣球也有山绣球血统。

　　山绣球株型娇小，花朵纤细，看起来更富有东方之美。山绣球在栽培上比园艺绣球稍难，不喜欢高温多湿，在凉爽的地区会开放得更美丽。因原产地积雪较厚，山绣球虽然耐寒，但不能忍受冬季的干旱或西北风。

花

多数是花环形，也有花球形。花型有单瓣和重瓣，花瓣有星形瓣、尖瓣、圆瓣、条形瓣、心形瓣等多种形状。颜色有蓝色系和红色系等。

叶子

多数没有光泽，叶子细长。

茎

细长，下部木质化。

植株

地栽一般在1米左右，可以控制在花盆中生长。

星形瓣

"田"字形瓣

重瓣

花火形瓣

无萼片

镶边瓣

圆锥绣球和北美绣球

圆锥绣球原产于亚洲北部，花序是圆锥形，因此得名。北美绣球有栎叶绣球和乔木绣球（如'安娜贝拉'）等。这几种绣球植株高大，适合花园种植，而且耐寒性也较好。

花

多为圆锥形，以单瓣品种为多，颜色为白色和粉红色。残花保留时间长，可以持续到秋天。

叶子

圆锥绣球的叶子是椭圆形，比园艺绣球小很多；栎叶绣球叶片掌形开裂，更像栎树叶子；乔木绣球'安娜贝拉'的叶子是圆形的。

茎

木质化。部分品种在寒冷地区每年发新枝。

植株

高大，多分枝，地栽时1~2米高。盆栽需要选用5加仑以上较大的花盆。

乔木绣球'安娜贝拉'是圆形叶子、圆锥形大花。

圆锥绣球是椭圆形叶子，花期持续很久，花序在秋季会变成美丽的粉红色。

绣球在花园中的应用

路旁

午后或傍晚，告别都市的熙熙攘攘，徜徉在布满绣球的花道上该是怎样的悠然自在，仿佛踏进了童话世界。

房前屋后

生活不只是诗和远方，还有家门前的鲜花盛开。

房屋背后的阳光不好，恰是喜欢半阴的绣球大显身手之处。绣球最适用于阴地花园。

花坛

　　无论是大团纯白的'安娜贝拉'，还是蓝色的'无尽夏'，一丛一簇植于花园中，像一朵朵坠落在凡间的云彩。

绣球常用于勾
勒和营造花园边界，
这种天然的屏障绝
对是花园里最靓丽
的风景线。

屏障

绣球拉丁学名的意思是水罐，也就是说它是一种非常喜欢水的植物，种植在水边，作为花园开放式的屏障，非常别致。

树下

落叶树下被绣球花簇拥的小径，静谧而浪漫，当你驻足欣赏，又好像所有的花儿在同一时间沸腾起来，热烈而奔放。

拱门

白色的冠盖绣球（*Hydrangea anomala*）非常适合搭建拱门，绿色的枝叶搭配白色的花朵显得清新自然。

冠盖绣球内部是密集的可育小白花，到 9 月就能看到圆形的果实，但外部的不育花瓣仍不凋谢，非常特别。

墙面

当你从养花小白进阶到养花高手，养花已经没什么难度了，种一面花墙才是高级玩法。

白色的冠盖绣球爬出围墙，满眼望去，房子就像坠落在花丛里。

盆栽

　　把绣球种在花盆里也是不错的选择，不仅可以摆放在室内装饰房间，还可以摆在室外装饰庭院，不同颜色的盆栽还可以根据个人喜好进行随意组合。

绣球在花艺中的应用

宴会桌花

　　婚礼或商业宴会中，桌花的使用频率很高。一般桌花的高度应当控制在 30 厘米以下，要求花艺设计的高度不能阻挡人们的正常沟通和交流，而且桌花设计的花材不宜选取那些香气过于浓烈的，以免影响食物口感，或让宾客感觉不适。绣球恰巧符合这样的要求。

手捧花

　　绣球饱满的花形特别适合制作手捧花，其塑形性很好，无论是单一色彩的组合，或是数种色彩的混搭，抑或与其他花材综合设计都非常迷人。

白色绣球搭配绿色菊花、浆果金丝桃简单而精致。

蛋糕

粗麻布包裹在蛋糕每一层的底部，蓝色和紫色的绣球装饰着顶部，并垂在侧面，呈现出自然而不失优雅的田园风格。

绣球和玫瑰搭配在一起装饰白色的蛋糕，是绝对不可错过的经典搭配，非常适合献给幸福美满的爱情。

壁炉

绣球搭配大花飞燕草装饰壁炉，房间不再单调，充满了勃勃生机。

露台

　　白色的绣球花束中插入枯枝做造型，搭配透明的器皿，放在露台上很有创意。

瓶花

　　白色绣球和洋桔梗，搭配橙色系切花、灰绿色的叶材，形成一个超大花束，把它摆在窗台可以装饰窗明几净的房间。

空间花艺

　　绣球在专业的花艺师手中，可以用于制作大型空间花艺，这样的作品带有强烈的现代艺术气息。

绣球的流行搭配

绣球之间的搭配

绣球的花色和花形变化多端，组合方式非常丰富，如白色和紫色的经典配色，搭配在一起尽显浪漫。

冷色调的蓝色绣球给人一种静谧感，搭配上暖色调的玫红色绣球使整个画面都显得活泼起来。

紫色的马桑绣球（*Hydrangea aspera*）开满枝头，搭配淡绿色球'安娜贝拉'，显得更加突出、耀眼。

粉色搭配玫粉色，这种相近色系的搭配非常有层次感，近处明亮，远处深邃。

绣球与其他植物的搭配

落新妇、西洋滨菊

纯白的园艺绣球、乔木绣球和白色落新妇、西洋滨菊搭配在一起，组成了纯净的白色花园。

金冠柏

　　株型紧凑品种'小酸橙'（Little Lime）搭配常绿金冠柏，不仅颜色搭配清新和谐，而且还可以兼顾四季景观的效果。当绣球落花时，金冠柏仍呈现勃勃生机。它的叶色随着季节变化，全年呈三种颜色，冬季金黄色，春秋两季浅黄色，夏季呈浅绿色。

落新妇

　　落新妇与园艺绣球习性相近，栽种在一起简单、易上手，这种羽毛状的落新妇与绣球搭配尽显柔美、浪漫。

如果是盆花就不涉及植物混栽，怎么搭配可以跟随自己的心情，但要注意植物对光照的需求尽量一致。

植物搭配技巧

1.新手布置花园时，植物品种不宜太多，以1~2种植物为主景植物，再选1~2种植物作为搭配。同时，不宜种植过密，应适当地留有空间，以便修剪养护。

2.最简单的搭配方法就是用草铺地、乔木遮阴、花灌木点缀。

3.绣球在与其他植物相互组合的过程中，尽量选择与绣球生长习性、生长速度相近的植物，以保证绣球的生长质量，打理起来也比较简单。

4.建筑物的背面通常光照不足，并且大部分时间阴冷潮湿，在冬季时也可能发生积雪，可以选择一些耐寒、喜阴的绣球。而在建筑物的向阳面通常温暖且干燥，可以种植喜光、耐寒性一般的绣球品种。

矾根

彩叶植物中的代表品种，植株矮小，色彩丰富。冬季生长，夏季休眠，正好和绣球互补。

圣诞玫瑰

圣诞玫瑰是冬季开花的耐阴多年生植物，它开花的季节绣球处于落叶期，不会遮挡到它生长需要的阳光。不过圣诞玫瑰根系比矾根发达，需要和绣球保持一定距离。

老鹳草

多年生草本，是良好的地被花卉，花色多，6~8月开花，可以装点在绣球脚下。

PART 2

绣球的栽培基础

绣球的栽培基础

购买方法

幼苗

绣球扦插成活后的小幼苗，只有一根主干和两个大分枝，叶片虽然展开，但是还没有开始生长。幼苗根系纤弱，特别害怕缺水，必须细心呵护。

小苗

小苗是幼苗成长到翌年春天的苗，一般有两根枝条，有的可能开花。小苗的植株上部一般都比较丰满，但是有时根系并不是那么充实，还需要仔细观察植株的状况来养护，如果开花则尽早剪掉，这样可以保存植株的体力。

中苗

中苗是小苗再成长半年至 1 年的苗，一般根系已经布满整个花盆，有 2~3 根枝条，一般都可以开花。中苗的根系有时会有盘结的现象，要及时移栽。如果买的时候带有花蕾，就等到花谢后再移栽。

温室开花苗

开花苗很多都是在温室里培养，然后催花而成，这样的苗因大量使用了促生长、促开花的激素，因此，又叫作激素苗。苗非常小却带有很多花序，或者带超大花序的花苗，很可能性就是激素苗。建议第一时间剪掉花序，节省养分。或者留一个花序待开花后再剪掉。

大苗

大苗一般在初夏绣球花期上市，于看完花，修剪后移栽。也可以在早春提前到苗木基地购买，立刻移栽。

裸根苗

冬季有时有网购的裸根苗，以圆锥绣球为主，这种苗处于休眠状态，拿到后尽早移栽到地里，也可以在花盆里养苗一年，翌年再下地。不管哪种都要做好移栽后的防寒防风工作，避免生根前脱水死亡。

Point ! **注意不要买到假货！**

在实体店铺选择的要点

是否茎干粗壮——选择茎干粗、没有老化迹象的苗。

是否有叶子发黄——选择叶子油亮、没有黄叶的苗。

是否发生病虫害——选择健康、没有发生病虫害的苗。

是否株型端正——选择株型平衡、姿态优美的苗。

种植准备

✓ 种植绣球需要的容器

陶盆或瓦盆

陶盆透气性好，自然优雅，绣球需水量大，使用陶盆的话，建议选用较大尺寸的陶盆，并观察情况及时补水。对透气性要求高、植株又相对较小的山绣球比较适合陶盆种植。

塑料盆

塑料盆轻便，款式多样，容易搬动，但是透气性差，不过绣球整体需水量大，除了特殊品种，塑料盆还是比较合适的。

控根盆

控根盆是在塑料盆的底部开设了透气缝隙的花盆，设计独到，解决了塑料盆不能透气的问题，适合各种绣球。

瓷盆/上釉的陶盆

瓷盆和上釉的陶盆透气性差，沉重不容易移动，比较适合用作套盆。

✗ 不适合的容器

铁皮盆

铁皮盆透气性差，容易生锈，不适合直接栽培。有从花市买回的绣球花苗，可以临时用铁皮盆套上，待花后换盆。

木盆

木盆的透气性很好，但是绣球需水量大，易造成木盆腐烂，所以，不太适合。

✔ 种植绣球的工具

铲子

准备大型铲子和小型铲子，大的用于拌土，小的用于为盆栽松土。

修枝剪

修枝用，相比普通剪刀，修枝剪对枝条的伤害较少，不会发生劈裂等情况。

花剪

剪除残花用，也可以选择头较尖的家庭剪刀代替。

水壶

长嘴水壶较为实用，特别是花盆多，堆放密集的时候用长嘴水壶浇水更方便。

支柱

粗铁丝，木棍、竹签等均可用作支柱，用于支撑花头过大而倒伏的绣球。

喷壶

喷药时用，一般家庭使用 1~2 升的气压喷壶。在喷药时最好准备雨衣、口罩和眼镜，做好防护。

种植基质

绣球对土壤要求不算太高，喜水，不能缺少水分，但不喜欢根系长期处于黏重的土壤里，一般来说，透气性好、营养丰富的土壤适合绣球的栽培。

可以用泥炭、珍珠岩、蛭石的三合一基本营养土为基础添加腐叶土、园土或赤玉土。

绣球是喜好水分的植物

特别在夏季如果使用的土壤排水太快，绣球可能坚持不到一天，中午就缺水打蔫了。所以在为绣球准备基质的时候要多些园土、腐叶土或蛭石等保水材料。近年来很多花友都喜欢种植铁线莲、月季、绣球，也常常用同样的基质来栽培它们，其实这3种植物中铁线莲对土壤的透气性要求最高，而绣球对保水性要求最高。所以我们在配土时可以制作一份基本配方，然后根据植物的需要添加不同的成分。绣球就应该多添加保水成分。

 适合绣球的基质

栽培园艺绣球、圆锥绣球和北美绣球：

可用泥炭 6 份 + 园土 3 份 + 珍珠岩 1 份；

或赤玉土（小粒）4 份 + 腐叶土 4 份 + 粗沙 2 份。

栽培山绣球时：

既需要较好地排水，又不可以缺水干透；

可以使用赤玉土或仙土（小粒）6 份 + 鹿沼土或粗沙 4 份；

添加园艺缓释肥后，配方土基本可以 2 年更换一次。

常见基质介绍

泥炭

泥炭是远古植物死亡后堆积分解而成的沉积物，质地松软，吸水性强，富含有机质，特点是透气、保水保肥，常见的泥炭有进口泥炭和东北泥炭。泥炭本身呈酸性，一般在使用前会调整到中性。

赤玉土

来自日本的火山土，呈黄色颗粒状，有大、中、小粒的规格，保水，透气，常用于多肉栽培，有时也用于扦插和育苗。

珍珠岩

珍珠岩是火山岩经过加热膨胀而成的白色颗粒，不吸收养分，但排水性好。

园土

园土是生活中最常见的土，如菜园或花园里的土、路边的土、房子周围的土等，根据各地情况有黄土、黑土和红土，含有机质的成分也不同。园土容易结块，有时还含有杂菌，用于盆栽前最好先暴晒杀菌，打碎成颗粒后再使用。

蛭石

由黏土或岩石煅烧而成的棕褐色团块，结构多孔，透气，不腐烂，吸水性很强，不含肥料成分。通常与泥炭和珍珠岩配合使用。

腐叶土

由树叶等堆积腐烂而成，通常呈黑色，富含有机质。

陶粒

陶土烧制的颗粒，常用于水培花卉，大颗粒陶粒也用于垫盆底，防止花盆底部积水。

肥料

冬季基肥的配方

发酵饼肥 7 份 + 骨粉 3 份的混合肥料。施肥适合期为 12 月下旬至翌年 2 月上旬，庭院种植只施用一次，量多些；盆栽的话要多施几次，量少些。

庭院栽培：一次性施肥 100 克。

盆径 15 厘米：每次施 5~6 克，施用 2~3 次。

盆径 18 厘米：每次施 10 克，施用 2~3 次。

春夏季追肥的配方

花后施用，因品种花期不同，追肥时间也不同。早花品种花期为 5 月中旬至 6 月，晚花品种 8 月至 9 月上旬。花谢后 1~1.5 个月施用。肥料可用发酵骨粉或含氮磷钾（10-10-10）的均衡缓释肥，每次 5 克左右，施用 1~2 次。

水溶性肥料

作为日常的水肥，生长期约每 10 天施用一次，按说明书施用。

常见病虫害

绣球的病虫害防治

病害

在园艺植物里，绣球属于病虫害少的。常见的病害一般有灰霉病、白粉病、炭疽病，此外还有缺铁造成的黄叶、强光直射造成的焦边等生理性病害。

在栽培时注意通风、保持适当的光照，基本上就可以维持绣球的健康成长。一旦发现了病害的迹象，就应该立刻采取措施，喷洒药剂、清理病枝病叶。当然，最重要的还是改善绣球的生长环境，避免再次发病。

针对黄叶等生理性病害，则可以在施肥时加以注意，实在没有把握的，也可以放置不管，冬季追补有机肥后，黄叶问题通常都会得到改善。

缺铁

黄叶

虫害

说到比较严重的虫害就是春夏之交的红蜘蛛了，梅雨期间的蜗牛也会咬坏开放的花朵。此外秋季偶尔还会有白粉虱。另外扦插绣球和培育小苗时如果用土比较湿润，还会发生小黑飞（尖眼蕈蚊）。

焦边

白粉病

红蜘蛛

红蜘蛛 螨虫的一种，非常小，肉眼基本看不见。数量多，繁殖能力很强，如果看到叶子表面有白色的小点或是缺绿的现象，叶背面有红色的虫点，就是有红蜘蛛为害叶片了。

红蜘蛛非常顽固，很难彻底消灭，一旦发现应该立刻喷洒药剂，注意叶子正反两面都要喷到。常用药剂有阿维菌素、金满枝等，可以多买几种轮换使用，以免产生抗药性。

蜗牛、鼻涕虫 它们一般在梅雨季节出现，咬伤花瓣。对付它们一般是手工捉除，或是用杀螺剂捕杀。

白粉虱 秋季在整个花园里出现，为害各种植物，可以用吡虫啉喷洒杀灭，也可以挂黄板来诱杀。

小黑飞（尖眼蕈蚊） 常在湿润且营养丰富的土壤里出现，绣球在扦插时湿度高，很容易出现小黑飞。小黑飞也可以用黄板来诱杀。

●●●●●● 黄板是什么？ ●●●●●●

农业上用来诱粘害虫的一种粘板，也叫环保捕虫板。

它的原理是利用害虫的趋色性，将环保专用胶涂抹于捕虫板上，当害虫撞击色板时，板上的胶即将其粘住，不久害虫便会死亡，从而达到除虫的目的。

黄板对诱捕蚜虫、螨类、斑潜蝇、蓟马等成虫有特效，广泛应用于绿色蔬菜生产、花卉种植、茶叶种植、果树栽培等。

常见的色板还有黄色、蓝色、黑色等。

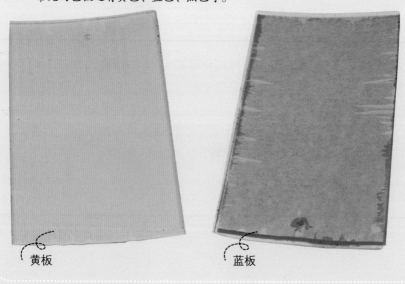

黄板　　　　　　　　　蓝板

绣球的调色

绣球的调色

绣球与其他园艺植物有一个很大的区别，即它的花色会根据土壤的酸碱度而发生变化。一般来说，偏碱性的土壤中种植的绣球花呈现红色，偏酸性的土壤中种植的绣球花呈现蓝色。而实际操作中，将绣球花从粉红色变为蓝色比从蓝色变为粉红色容易得多。

变粉色

可在花蕾形成前施苦土石灰。

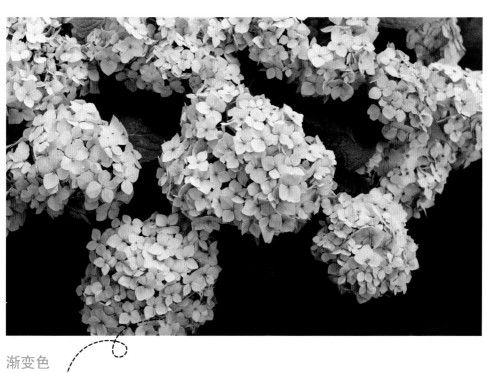

渐变色

施用硫酸铝时间适当延迟，等绣球花开始开出粉色花后再施用。

现在网上有些绣球专卖店也开始出售专用的绣球调色剂，使用更方便。绣球的花色会受到多种条件的影响，调色方法有时候不一定有用。如光照也可以对绣球花色调控产生影响，如果光照过强会激活对颜色变蓝过程有副作用的红色物质。

变蓝色

可在绣球展叶 3~5 片时，用 0.5% 的硫酸铝溶液每 7 天浇施 1 次，直至开花后停止施用。同时要注意水的 pH 不应高于 5.6。

不是所有品种都能开出蓝色的花，只有一些粉色品种通过调色能达到目的。当红色品种接受硫酸铝溶液处理时，能变成紫色。某些粉色品种通过调控可开出浅紫色花。一般白色品种不会因为基质的 pH 变化而变色。有些白色品种中含有亮粉色的花青素，在较高的 pH 基质中栽培会开出亮粉色的花。

1
Month
月

关键词：防风

工作要点

✓ 是否做好防风防寒工作？

✓ 是否开始施冬肥？

✓ 是否需要进行休眠枝扦插？

绣球1月管理

1月是一年中最寒冷的季节，要特别预防西北风对绣球的侵害。如果下雪，反而对绣球是一种保护。因为绣球是怕风不怕雪。

植物的状态：落叶休眠

进入一年中的严寒期，绣球在这样寒冷的季节里孕育着春夏之交的花朵。1月除了寒冷之外，更麻烦的是刮西北风，绣球虽说比较耐寒，但是干燥的西北风会把枝条吹到脱水，另外空气湿度低也会造成枯枝。本月有些枝条柔弱的绣球会受损，小苗也容易受冻死亡。

1月偶尔会下大雪，厚厚的积雪好像棉被一样，对绣球是一种保护，这时预防和应对西北风才是当务之急。

绣球的扦插一般来说都很容易，但也有一部分不易扦插的品种，例如栎叶绣球和部分山绣球，这时就可以利用休眠枝来扦插。剪取带有1~2个芽的枝条做插穗，最好用去年新生的枝条。扦插用土一般用蛭石或赤玉土、鹿沼土等颗粒土，扦插后充分浇水，放在0℃以上的室内窗边，保持土壤湿润，等待春天萌发。

1月 园艺绣球的管理 ·····················

盆栽放置地点

放在避风的屋檐下，即使照不到阳光也可以。部分绣球会因为空气湿度低而枯枝，注意不要太过干燥。

浇水

土壤表面干燥后充分浇水。

肥料

12月下旬至翌年2月上旬都适合施冬肥，冬肥以有机肥为宜，也可以施用缓释肥，但是秋季以后新种的苗不要施肥。

冬肥

发酵饼肥7份+骨粉3份，混合均匀后，盆径15厘米每盆施10克，盆径18厘米每盆施20克，庭院地栽每株苗施100克。

整枝、修剪

参考冬季修剪的要领进行疏枝修剪，因为园艺绣球的花芽多着生在枝条顶端，如果对全部植株修剪，就可能剪掉花芽，明年就开不了花。

种植、翻盆

南方地区适合大苗的移栽和栽种，寒冷地区要等到开春以后。

扦插

可以进行休眠枝扦插。

有的园艺绣球枝条会因为西北风太过凛冽而干枯死去，在冬季修剪时可以剪掉这样的枝条。

47

盆栽放置地点

放在避风的屋檐下，即使照不到阳光也可以。山绣球会因为空气湿度低而枯枝，如果太过干燥，就要用稻草或是无纺布包裹植株来防寒。

浇水

土壤表面干燥后充分浇水。

肥料

12 月下旬至翌年 2 月上旬都适合施冬肥，这时以有机肥为宜，但秋季以后新种的苗不要施肥。用饼肥 7 份 + 骨粉 3 份，混合均匀后，盆径 15 厘米每盆施 10 克，盆径 18 厘米每盆施 20 克，庭院地栽每株苗施 100 克。

整枝、修剪

参考冬季修剪的要领进行疏枝修剪，因为山绣球的花芽多着生在枝条顶端，如果对全部植株修剪，就可能剪掉花芽，明年就开不了花。

种植、翻盆

南方地区适合大苗的移栽和栽种，寒冷地区要等到开春以后。

扦插

可以进行休眠枝扦插。

山绣球对过低的空气湿度很敏感，最好能放到避风的地方，寒潮来临时再加一些保护。

1_月 圆锥绣球和北美绣球的管理……

盆栽放置地点

放置在向阳处，圆锥绣球和北美绣球的耐寒性都很强，除非是幼苗或是秋季栽种的新苗，一般无须特别担心。

浇水

土壤表面干燥后充分浇水。

肥料

12月下旬至翌年2月上旬都适合施冬肥，这时以有机肥为宜，但是秋季以后新种的苗不要施肥。用饼肥7份＋骨粉3份，混合均匀后，盆径15厘米每盆施10克，盆径18厘米每盆施20克，庭院地栽每株苗施100克。

整枝、修剪

可以进行较强幅度地修剪。

种植、翻盆

南方地区适合大苗的移栽和栽种，寒冷地区要等到开春以后。

扦插

可以进行休眠枝扦插。特别是平时不容易插活的栎叶绣球，特别适合这个时期用休眠枝条扦插。

有的圆锥绣球和北美绣球枝条会因为西北风太过凛冽而干枯死去，在冬季修剪时可以剪掉这样的枝条。

Month

2

月

关键词：疏枝修剪

工作要点

✓ 是否完成施冬肥？

✓ 是否做好防风防寒工作？

绣球 2 月管理

2 月下旬可以看到枝条冒出了嫩芽，在嫩芽上部的枝条就是因为寒冷而冻死了。

植物的状态：休眠，芽头膨大

这时的天气还十分寒冷，立春后逐渐感觉到春意，雨水也变多。绣球已经从休眠中醒来，开始等待发芽。跟上个月一样，西北风来临时要防寒、防风。

2 月下旬，白天有时温度会上升到 10℃ 以上，人体可以感受到春天的气息，但是因为毕竟还在冬季，突如其来的寒风吹袭（倒春寒）会导致枯枝，或是最顶部的花芽枯萎。切记不要疏忽大意弄伤花芽。

施肥在 2 月上旬完成，不然气温升高后就不适合再施用有机肥了。如果忘记施肥拖到气温升高的下旬，改施原来用量的 1/3~1/2 或改施缓释肥。

修剪

绣球不是必须冬季修剪的植物，甚至可以说修剪必然伤到花芽。冬季修剪主要是针对枯病枝条，内部过度密集的枝条和向外伸得过长的枝条。如果通风不好，可能发生白粉病，所以对过密的植株还是修剪为宜。

在过冬的时候时常会有枝条全部或部分枯死，冬季修剪时把它们剪掉，既保证了植株美观，也避免了营养浪费。

2月 园艺绣球的管理 ┈┈┈┈┈┈┈┈

盆栽放置地点

同1月一样，放在避风的屋檐下，即使照不到阳光也可以。

浇水

盆栽在土壤表面干燥后充分浇水，地栽不用浇水。

肥料

冬季施肥工作应该在2月上旬完成。有机肥天然环保，对植物和土壤都有好处，最好使用有机肥。一般用饼肥7份＋骨粉3份，混合均匀后，盆径15厘米每盆施10克，盆径18厘米每盆施20克，庭院地栽每株苗施100克。如果忘记施肥拖到气温升高的下旬，为了防止烧根，要改为施之前1/3~1/2的量，以后再补充液态肥或缓释肥。

整枝、修剪

参考冬季修剪的要领进行修剪，主要是剪掉寒冬枯萎的枝条和不需要的细枝条。

种植、翻盆

南方地区适合大苗的移栽和栽种，寒冷地区要等到开春以后。

扦插

可以进行休眠枝扦插。

在枯萎的叶片里可以看到日益膨大的芽头，这就是春季的花芽。

51

2月 山绣球的管理 ·····························

盆栽放置地点

同 1 月一样，放在避风的屋檐下，即使照不到阳光也可以。山绣球枝条纤细，要特别注意避免西北风吹袭而造成脱水。

浇水

盆栽在土壤表面干燥后充分浇水，地栽不用浇水。

肥料

冬季施肥工作应该在 2 月上旬完成，盆径 15 厘米每盆施 10 克，盆径 18 厘米每盆施 20 克，庭院地栽每株苗施 100 克。如果忘记施肥拖到气温升高的下旬，请改为施缓释肥。

山绣球的花芽非常细弱，一不小心就会在冬季冻死。

整枝、修剪

参考冬季修剪的要领对枯枝、细弱枝进行修剪。

种植、翻盆

南方地区适合大苗的移栽和栽种，寒冷地区要等到开春以后。

扦插

可以进行休眠枝扦插。

2月 圆锥绣球和北美绣球的管理⋯⋯

盆栽放置地点

同1月一样，放在避风的屋檐下。圆锥绣球和北美绣球都喜好较多的阳光，最好放在能照到阳光的地方。

浇水

盆栽在土壤表面干燥后充分浇水，地栽不用浇水。

肥料

冬季施肥工作应该在2月上旬完成。一般用饼肥7份+骨粉3份，混合均匀后，盆径15厘米每盆施10克，盆径18厘米每盆施20克，庭院地栽每株苗施100克。如果忘记施肥拖到气温升高的下旬，为了防止烧根，改施原来用量的1/3~1/2，以后再补充液态肥或缓释肥。

整枝、修剪

参考冬季修剪的要领进行疏枝修剪，乔木绣球中的'安娜贝拉'为新枝开花，可以修剪到地面。

种植、翻盆

南方地区适合大苗的移栽和栽种，寒冷地区要等到开春以后。

扦插

可以进行休眠枝扦插。

圆锥绣球的芽点也在慢慢膨大，但是会比园艺绣球晚一些。

绣球3月管理

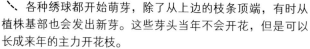

各种绣球都开始萌芽，除了从上边的枝条顶端，有时从植株基部也会发出新芽。这些芽头当年不会开花，但是可以长成来年的主力开花枝。

植物的状态：新芽萌发

3月，长江流域雨水多，天气也一天比一天暖和，北方地区则处于春寒料峭，有时还会下雪。这时绣球根部开始活跃起来，新芽也发出来，3月中旬过后就完全进入春天，玉兰和樱花开放，绣球的枝条也全部萌芽。

要注意"倒春寒"，有时突如其来的寒潮会把花芽冻掉，切忌避免这样的悲剧发生。

本月种植、移栽的工作很多，这些工作进入4月后就不再能进行，虽然很辛苦也不可以懈怠。

寒冷地区的植株和小苗前段要躲避冬季的严寒，本月可以完成移栽工作了。

此外，还可以硬枝扦插各个品种的绣球，如果用带有花芽的插穗，当年就可以看到开花。对大株的绣球也可以进行分株，用铁锹挖出植株后，再用园艺剪刀剪开，注意每个分株部分都要带有根系。有的大株绣球长得太大，木制过硬不好分株，可以用锯子锯开分株。

3月 园艺绣球的管理 ....

3月是百花盛开的时节，默默生长的绣球可能得不到我们的注意，为了绣球6月的花期，在观赏其他春花之余不要忘记关注绣球的生长状态。

盆栽放置地点

因为绣球已经开始萌芽，一直放在背阴处会导致萌发的新芽变得软弱，需要放到向阳处管理，只有在寒潮时再放回避风处。

浇水

盆栽在土壤表面干燥后充分浇水，地栽不用浇水。

肥料

不施肥。如果上月冬肥施得不够或是忘记施肥，可给予缓释肥。

整枝、修剪

不修剪。此时当年绣球花芽已经形成了，修剪会导致不开花。

种植、翻盆

3月是移栽的好时候，特别寒冷的地区除外。翻盆或盆栽苗下地都应该先打散最外圈的土层，去掉部分根系。如果不去掉这层根系，越是壮苗越容易盘根。新根就不易长出。如果根系盘结得太紧密直接栽下去还会发生烂根，所以必须打散部分根系。翻盆的话也不是光加大花盆，还要换土，让根系习惯新的土壤，就可以持续健康生长了。地栽也一样。

扦插

可以进行硬枝扦插，本月适合所有绣球品种的扦插，有时剪下的枝条带有花芽，还会在当年开花。

刚刚萌发的园艺绣球新芽，根据绣球品种不同，新芽的颜色也不一样，有的是嫩绿色，有的则是深红色。图为'纱织小姐'的新芽。

盆栽放置地点

从本月中旬开始部分山绣球已经开始萌芽，最初可以放在背阴处，一旦新叶长出最好放到向阳处管理。

浇水

新芽展开后比休眠期需要更多的水分，仔细观察，一旦发现土壤表面干燥就要补水。

肥料

不施肥。如果上月冬肥施得不够或是忘记施肥，也可给予缓释肥。

整枝、修剪

不修剪。此时当年绣球花芽已经形成了，如果修剪会导致不开花。如果发现不能萌芽的枯枝，则可以从健康芽头上方剪去。

从旧枝条上萌发的新芽，一不小心就会碰掉，所以路过时一定要当心。

种植、翻盆

本月是移栽的好时候，特别寒冷的地区除外。翻盆或盆栽苗下地都应该先打散最外圈的土层，去掉部分根系。

月 圆锥绣球和北美绣球的管理……

盆栽放置地点

同 1、2 月一样，放在避风的屋檐下。圆锥绣球比其他绣球品种需要更多阳光，请及时拿到向阳处管理。

浇水

新芽展开后比休眠期需要更多水分，仔细观察，一旦发现土壤表面干燥就要补水。

肥料

不施肥。如果上月冬肥施得不够或是忘记施肥，也可给予缓释肥。

整枝、修剪

不修剪。此时当年绣球花芽已经形成了，修剪会导致不开花。

种植、翻盆

本月是移栽和下地的好时候，特别寒冷的地区除外。具体参照"下地种植栎叶绣球"（参见 P102）。

园艺店里出售的栎叶绣球花苗，因为冬季放在温室里，萌发得比正常早。买回家后应该立刻移栽下地。

Month

4

月

关键词：调色

工作要点

✓ 是否检查了病虫害，特别是灰霉病和红蜘蛛？

✓ 需要调色的绣球是否开始了浇灌硫酸铝溶液调色？

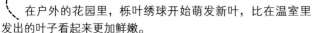

在户外的花园里，栎叶绣球开始萌发新叶，比在温室里发出的叶子看起来更加鲜嫩。

植物的状态：新芽生长

百花齐放、春意盎然的 4 月，绣球的花芽日益膨大，新叶不断生长，充满新生的希望。另外绣球新芽非常幼嫩，如果在操作时一不小心就会碰伤或碰掉，在工作时尽量避开幼芽。

绣球 4 月管理

在南方地区的花市里有时已经有温室里培育的绣球开花苗出售。这些花苗多数开自加温的温室栽培，有时还会使用激素促进开花。能够看着花购买绣球不会发生选错苗的情况，但是也要注意两点：一是这些花苗拿回家最好不要立刻下地或露天管理，而是要放在阳台或窗台缓苗一段时间，等花谢修剪后再换盆或下地。二是绣球土壤可能经过专业调色，也就是说，今年你眼睁睁买到的蓝色绣球花，明年它可能开出粉色花来。

绣球的新芽膨大到发出新叶时就像幼小的婴儿，非常敏感、脆弱，这时除了浇水以外，不可以进行其他的修剪、移植、施肥等活动。

另外有一个花友们很关心的问题是绣球的调色，需要调色的绣球在发芽之后就可以开始进行这项工作了，一般在开始萌发时浇灌一次硫酸铝 100 倍液，在花蕾出现后再每隔 10 天浇一次，直到开花。注意不要喷到新生的叶片上，免得烧坏叶片。南方的绣球萌发早的，也可以再早一点开始。

4月 园艺绣球的管理 ·······················

盆栽放置地点

放在能够充分照到阳光的地方，本月是新芽生长的时候，为了避免缺少光照而长成"豆芽菜"，一定要放在向阳处。经常有人认为绣球是耐阴植物而把它长年放在背阴处，这样的绣球不仅开不好花，还可能病弱死亡。

浇水

新芽展开后比休眠期需要更多的水分，仔细观察，一旦发现表面土壤干燥就要补水。这时如果缺水会造成芽头萎蔫，对植物是很大的伤害，必须给予植物比冬季更细心的关注。

肥料

不施肥。

整枝、修剪

不修剪。

种植、翻盆

不适合。如果从花市买回绣球的开花苗，也要等到花谢修剪后再换盆。

扦插

不适宜。

病虫害

叶片背面偶尔有红蜘蛛发生，发现后尽早防除。

在温室或室内培育的苗会发生灰霉病或白粉病，要及时清除残叶残花，并喷洒杀菌剂。特别是花市新买的苗要注意观察。

4月开始有很多温室园艺绣球上市，可以根据自己的喜好挑选中意的盆栽苗。

4月 山绣球的管理 ······························

盆栽放置地点

　　放在能够充分照到阳光的地方，本月是新芽生发的时候，一定要放在向阳处。

浇水

　　新芽展开后比休眠期需要更多的水分，仔细观察，一旦发现土壤表面干燥就要补水。

肥料

　　不施肥。

整枝、修剪

　　不修剪。

种植、翻盆

　　不适合。

扦插

　　不适合。

病虫害

　　蚜虫出现在枝条梢头，叶片背面也有红蜘蛛发生，发现后尽早驱除。

　　早春是各种山野草和高山植物萌芽和开花的时节，花色素雅的山绣球和这些植物非常搭。

4月 圆锥绣球和北美绣球的管理……

盆栽放置地点

　　放在能够充分照到阳光的地方，本月是新芽生发的时候，为了避免长成豆芽菜，一定要放在向阳处。

浇水

　　新芽展开后比休眠期需要更多的水分，仔细观察，一旦发现表面干燥就要补水。

肥料

　　不施肥。

整枝、修剪

　　不修剪。

种植、翻盆

　　不适合。

扦插

　　不适合。

病虫害

　　蚜虫出现在枝条梢头，叶片背面也有红蜘蛛发生，发现后尽早驱除。

乔木绣球'安娜贝拉'是新枝开花，在冬季剪到地面的植株春天爆发出大量的新芽。

植物的状态：孕蕾开花

相比 5 月里竞相开放的月季和铁线莲，正在孕育花蕾的绣球的五一节是稍显寂寞的。但是这些年随着温室技术的发展，国外绣球开始代替传统的康乃馨成为母亲节（5 月的第二个星期天）的礼物，国内一些大城市在 5 月也推出了盆栽绣球的礼品花，喜欢绣球的人在母亲节不妨买一盆绣球送给母亲吧！

5 月下旬开始，山绣球和园艺绣球开始开花，星星点点的绣球开始了一年中最盛大的表演。

大量绣球在园艺店出售，无论是自己购买还是收到礼物都应在花后再修剪或移植，到 6 月为止都可以进行，越早进行修剪和移栽对植物越好。

专业苗圃从 5 月中旬至 6 月上旬进行绿枝扦插，但是对于一般家庭还有些为时过早。

Month
5 月

关键词：开花

工作要点

✓ 是否及时补充了水分？
✓ 是否检查了病虫害？

绣球 5 月管理

5月 园艺绣球的管理 ·······················

盆栽放置地点

放在能够充分照到阳光的地方，否则不能开出正常的颜色。开花后则可以放在半阴处或阴凉处，以利于延长开花的时间。绣球不适合长期放在室内，为了它生长顺利，还是看完花后及时拿到户外吧。

浇水

5月的绣球叶片肥大，花球丰满，需要大量水分。随着气温升高，日照加强，蒸发也十分旺盛，盆栽基本需要每天浇水。

肥料

花期不施肥。花后可以给予发酵好的有机肥（饼肥＋骨粉），每盆10克左右，如果换盆则在换盆后1~2周后再施肥，以免烧到换盆时损伤的根系。也可以用缓释肥。

整枝、修剪

花后修剪。

种植、翻盆

花后可以进行移栽和翻盆。

扦插

花后进行。

病虫害

和上月一样会出现蚜虫和红蜘蛛，发现后及时喷洒杀虫剂。红蜘蛛也常出现在叶片背面，因此喷药要正反两面喷洒。

5月是园艺店绣球大量上市的时候，可以选择自己喜欢的花形、花色，不过要注意的是，绣球和其他花卉不同，在拿回家后第二年可能会开出不太一样的花色。

5月 山绣球的管理 ·······················

盆栽放置地点

5月底开始山绣球进入正常花期了，最好放在能够充分照到阳光的地方，否则花开不出正常的颜色。开花后则可以放在半阴处或阴凉处，以利于延长开花的时间。

浇水

山绣球枝条细密，叶片数量多，需要大量水分。随着气温升高，日照加强，蒸发也十分旺盛，盆栽基本需要每天浇水。

肥料

花期不施肥。花后可以给予发酵好的有机肥（饼肥＋骨粉），每盆施10克左右，也可以使用缓释肥。

整枝、修剪

花后修剪。

种植、翻盆

花后可以进行移栽和翻盆。

扦插

花后进行。

病虫害

和上月一样会出现蚜虫和红蜘蛛，发现后及时喷洒杀虫剂。红蜘蛛也常出现在叶片背面，因此喷药要正反两面喷洒。

5月底各种早花的山绣球都开始开花了，'花吹雪'虽然是花球形的山绣球，开放时轻盈飘逸，有着和园艺绣球完全不同的风情。

5月 圆锥绣球和北美绣球的管理……

圆锥绣球的花期稍晚，在别的绣球已经开放时，它们还在孕育花蕾。而产自北美的乔木绣球和栎叶绣球则花期稍早。

盆栽放置地点

圆锥绣球和栎叶绣球喜欢阳光，应放在能够充分照到阳光的地方。特别是开粉色花的圆锥绣球，如果光照不足就可能变成白色。'粉红安娜贝拉'则是在阳光下开玫红色花，半阴处开粉色花。

浇水

圆锥绣球和栎叶绣球植株大，叶片数量多，需要大量水分。随着气温升高，日照加强，蒸发量也大，盆栽基本需要每天浇水。

肥料

花期不施肥。

整枝、修剪

花后修剪。

种植、翻盆

花后可以进行移栽和翻盆。

扦插

不进行。

病虫害

和上月一样会出现蚜虫和红蜘蛛，发现后及时喷洒杀虫剂。红蜘蛛也常出现在叶片背面，因此喷药要正反两面喷洒。

栎叶绣球虽然只有白色，但是开花时花序硕大，特别是'雪花'的重瓣繁复精致，非常华丽。

65

工作要点

✓ 是否进行了花后修剪？
✓ 是否进行了花后追肥？

绣球 6 月管理

　　6 月是绣球的盛花期，各种绣球依次开放，在公园和植物园里欣赏美丽的绣球，也看看专业人员是怎么养护它们的吧。

植物的状态：盛开凋谢

　　6 月是绣球的盛花期。从上旬开始山绣球开始开花，中旬以后园艺绣球也大量盛开，本月阴天多，雨水大，对于很多植物的生长并不有利，唯独对于绣球不仅不是负担，反而为它补充了水分。

　　绣球的叶子在吸收大量水分后变得格外滋润，花朵也硕大丰满，呈现出名副其实的球状。

　　比较起前段的温室绣球，天然花期开放的绣球有着不可替代的壮美。这时候绿化带都可以看到各种各样的绣球花，随着这几年大量品种的引进，一些城市公园和植物园还有绣球花展，不妨到公园走走，看看心爱的绣球大片开放时是什么样子吧！

6月 园艺绣球的管理 ·····················

盆栽放置地点

绣球花开放时可以拿到阴凉的室内摆放欣赏，但是需要注意为它开窗通风，以免发生灰霉病。花谢后要及时修剪残花，并拿出户外管理。

浇水

绣球叶子肥大且众多，互相交叠会形成雨伞般的遮挡，导致雨水不能淋到花盆里，即使雨天也要时常观察，发现缺水就要补充浇水。

肥料

花后施肥，每盆施有机肥 10 克或是缓释肥适量。地栽如果冬肥施得不够则在植株周围挖坑埋入肥料。

整枝、修剪

花后修剪。

种植、翻盆

花后可以进行移栽和翻盆。

扦插、压条

花后进行。

病虫害

和上月一样会出现蚜虫和红蜘蛛，发现后及时喷洒杀虫剂。红蜘蛛也常出现在叶片背面，因此喷药要正反两面喷洒。

随着 6 月的气温升高，绣球在灿烂开放后也容易凋谢，凋谢的花朵留在枝头会因为高温、高湿而发霉，所以要及时修剪残花。图为园艺店里剪下的大批残花。

67

盆栽放置地点

山绣球在 6 月开始渐渐凋谢，花环形的山绣球花瓣少，可以在枝头持续很长时间，而花球形的花密集，容易发霉，谢后要及时修剪残花。

浇水

绣球叶片互相交叠会形成雨伞般的遮挡，导致雨水不能淋到花盆里，即使雨天也要时常观察，发现缺水就要补充浇水。

肥料

花后施肥，每盆施有机肥 10 克或是缓释肥适量。

整枝、修剪

花后修剪。

种植、翻盆

花后可以进行移栽和翻盆。

扦插、压条

花后进行。

病虫害

和上月一样会出现蚜虫和红蜘蛛，发现后及时喷洒杀虫剂。红蜘蛛也常出现在叶片背面，因此喷药要正反两面喷洒。另外会有蛾类幼虫潜入枝干，造成枝干空洞，如果发现粉末状的虫子粪便，要及时修剪病枝以防除害虫。

山绣球盛花期后并不会凋谢，而是反转过来，变成背面朝外，颜色也渐渐褪成绿色。

6月 圆锥绣球和北美绣球的管理……

盆栽放置地点

本月月底开始，圆锥绣球和栎叶绣球花开放，这两种都需要较多阳光，必须放在全日照或半阴处。

浇水

开花时节晚，气温升高，日照强烈，要时常观察，发现缺水就要补充浇水。

肥料

花后施肥，每盆施有机肥 10 克或是缓释肥适量。地栽如果冬肥施得不够则在植株周围挖坑埋入肥料。

整枝、修剪

圆锥绣球的花如果不修剪可以保持很长时间，秋天还可以看到干花。

种植、翻盆

花后可以进行移栽和翻盆。

扦插

花后进行。

病虫害

和上月一样会出现蚜虫和红蜘蛛，发现后及时喷洒杀虫剂。红蜘蛛也常出现在叶片背面，因此喷药要正反两面喷洒。另外会有蛾类幼虫潜入枝干，造成枝干空洞，如果发现粉末状的虫子粪便，要及时修剪病枝以防除害虫。

乔木绣球'无敌安娜贝拉'花朵雪白巨大，不存在调色的问题，是非常人气的品种。初开的时候呈绿色，别有一番清新动人的风韵。如果长期下雨，可能会因为花头太重而倒伏，这时就需要用支柱支撑。

绣球7月管理

7 Month 月

关键词：遮阴

工作要点

✓ 园艺绣球、山绣球
和北美绣球是否修剪
完毕？

绣球花喜欢稀疏的树荫下良好散射光环境，夏季为它们遮阴是非常重要的工作。遮阴可以使用遮阴网，也可把盆栽放到树下。

植物的状态：圆锥绣球开花

在长江流域，7月上旬梅雨还会持续一段时间，这对绣球依然是非常美好的季节，但是中旬以后梅雨结束，高温天气席卷而来，被滋养得水灵灵的绣球植株就会变得不适应，叶片耷拉，花朵枯萎，有的弱苗还会死亡。

花期最早的山绣球应该完成了花后修剪，花期适中的园艺大花绣球如果还没有来得及修剪，最好及时修剪。而花期较晚的圆锥绣球在这个月才刚刚开始开花，相对比较喜阳，它的干花也很有欣赏价值。

7月 园艺绣球的管理 ·······················

盆栽放置地点

修剪过后的园艺绣球需要光照，但是炎热的天气又可能让花盆水分支撑不到晚上就会发生缺水，所以放在树荫下等半阴处为宜，不要放在完全荫蔽的地方。

浇水

天气炎热，日照强烈，要时常观察，发现缺水就要及时浇水。上班族可以在盆里插一个自动浇水的水瓶。

肥料

花期和高温期不施肥。

整枝、修剪

尽早修剪，特别是无尽夏，修剪后秋天还会再次开花。

种植、翻盆

可以进行移栽和翻盆。

扦插

花后进行绿枝扦插。

病虫害

偶尔有红蜘蛛，发现后及时喷洒杀虫剂。炎热天气还会灼伤叶片，如果发现了叶片灼伤要拿到阴凉处静养几天，等待恢复。

'无尽夏'的名字来自它在夏季凉爽的欧美国家可以持续整个夏季开花，在我国大部分地区则很难见到真正的持续整个夏天的'无尽夏'之花。相反到了秋天凉爽的时候，经过修剪的无尽夏会开出新一轮的秋花。

小栏目

'无尽夏'的修剪

'无尽夏'是可以新旧枝条都开花的品种，在北方地区，即使枝条冬季都被冻死，春天发出的新枝条也可以开花，而在温暖地区花后经过修剪，可以在秋季再开一轮花。所以想看到'无尽夏'秋花的人，一定要在花后尽早进行修剪！

7月 山绣球的管理 ······························

盆栽放置地点

山绣球怕热，放在树荫下等半阴处为宜，如果没有树荫，可以用遮阳网遮阴。

浇水

天气炎热，日照强烈，要时常观察，发现缺水就要补充浇水。上班族可以在盆里插一个自动浇水的水瓶。

肥料

花期和高温期不施肥。

整枝、修剪

如果花后没有修剪，要尽早修剪。

种植、翻盆

可以进行移栽和翻盆，新移栽的苗要特别注意浇水。

扦插

可以进行绿枝扦插。

病虫害

注意观察是否有红蜘蛛，发现后及时喷洒杀虫剂。

山绣球有很多品种，这种开花较晚的玉绣球，花蕾好像一个个圆球，很难想象它也是一种绣球花。等到圆球打开后，才可以看到类似绣球的花序。

7月 圆锥绣球和北美绣球的管理……

盆栽放置地点

圆锥绣球喜好光照，也耐旱，只要保持水分够，夏季可以不用遮阴。但是乔木绣球'安娜贝拉'却相对喜半阴的环境，应给予遮阴处理。栎叶绣球介于二者之间。

浇水

天气炎热，日照强烈，要时常观察，发现缺水就要补充浇水。有时骄阳下花朵会蔫软，不用担心到明天早晨就会恢复了。

肥料

花期和高温期不施肥。

整枝、修剪

可以不修剪。

种植、翻盆

可以进行移栽和翻盆，新移栽的苗要特别注意浇水。

扦插

可以进行绿枝扦插。

病虫害

注意观察是否有红蜘蛛，发现后及时喷洒杀虫剂。

圆锥绣球花期最晚，在它开放的时候已经是炎热的盛夏。

植物的状态：圆锥绣球持续开花

8月是一年中最炎热的月份，和7月不同，8月的雨水也比较少。这个月最重要的就是保证绣球不缺水，一般来讲养花的常识是早晚浇水，中午不浇，但是绣球是特别容易缺水的植物，盆土干透了，即使正午也要补水。

另外8月有时候有暴雨，但是放在树下的绣球可能会因为树荫遮挡淋不到足够的雨水，要在雨后检查盆土，没有淋透的话就要浇水。

有时叶片会被晒得蔫软耷拉下来，但是盆土不一定干了，这时把花盆拿到阴凉处，叶子就会恢复生机。如果放置不管，叶子可能会出现焦边或是脱落。

大多数园艺绣球有些已修剪完毕，有些已经冒出大量新叶，而圆锥绣球还在不断开花。

Month
8 月

关键词：补水

工作要点

✓ 是否进行了遮阴？

✓ 是否在炎热的天气补充了充足的水分？

绣球8月管理

8月的绣球园进入寂寞的时期，除了少数残留的园艺绣球，大多数绣球都已经经过修剪，只剩下叶片。

8 月 园艺绣球的管理 ·······················

盆栽放置地点

放在树荫下等半阴处为宜，或适当给予遮阴。

浇水

天气炎热，日照强烈，要时常观察，发现缺水就要补充浇水。本月的园艺绣球长出很多新叶，需要的水分较多，一天一次都不能保证不干透。为了防止新叶因缺水而枯萎，可以在盆里插一个自动浇水的水瓶。暴雨后放在树下的盆子也要检查是否淋透了水。

肥料

花期和高温期不施肥。

整枝、修剪

不修剪。

种植、翻盆

不移栽和翻盆。

扦插

可以进行绿枝扦插。

病虫害

偶尔有红蜘蛛和炭疽病，发现后及时喷洒杀虫剂。

在炎热的季节绣球叶片会被晒得焦枯，严重的还会脱落，造成植株损害。

8月 山绣球的管理 ••••••••••••••••••••••••••••

盆栽放置地点

　　放在树荫下等半阴处为宜，或适当给予遮阴。

浇水

　　发现缺水就要补充浇水。如果盆子小，一天一次都不能保证不干透，可以在盆里插一个自动浇水的水瓶。暴雨后放在树下的盆栽绣球也要检查是否淋透了水。有时浓密的树叶会遮挡雨点，导致看似一场大雨，其实树下的花盆盆土并没有淋透。

肥料

　　花期和高温期不施肥。

整枝、修剪

　　不修剪。

种植、翻盆

　　不移栽和翻盆。

扦插

　　可以进行。

病虫害

　　偶尔有红蜘蛛和炭疽病，发现后及时喷洒杀虫剂。

　　大多数山绣球都是花环形开花，中间是两性花，旁边是装饰用的萼片，也有少数是只有萼片的花球形花。花期结束后萼片变红的花球形也很美丽。

8月 圆锥绣球和北美绣球的管理······

盆栽放置地点

圆锥绣球不用特别遮阴，乔木绣球'安娜贝拉'和栎叶绣球耐热性稍差，应该给予遮阴。

浇水

发现缺水就要补充浇水，圆锥绣球多数是地栽，通常是不需要浇水的，但是在持续高温又少雨的时候还是需要补水。

肥料

花期和高温期不施肥。

整枝、修剪

不修剪。

种植、翻盆

不移栽和翻盆。

夏季开花的圆锥绣球在我国北方栽培的历史很长，特别是东北地区有很多公园都有圆锥绣球的花圃。

植物的状态：恢复生长

　　9月上旬还有残暑，也时常有"秋老虎"出现，补充水分依然是当务之急。但是从中旬以后，夜间温度就会降低，昼夜温差扩大，特别是北方地区明显感觉到凉意。

　　修剪后的绣球冒出新芽，长成像模像样的新枝，这个月是花芽分化的重要时期，也就是关系到明年开花状态的时期，如果继续放在荫蔽的地方就会影响花芽形成，所以在9月中旬天气变凉后就要拿到光照好的地方沐浴阳光，促进花芽分化。盆栽的苗需要补充肥料。

关键词：翻盆

工作要点

✓ 是否给予了阳光？

✓ 是否补充了肥料？

绣球9月管理

9月是恢复生长的季节，在花后扦插的绣球小苗因为缺铁而叶子发黄，这时就需要补充肥料。

78

9月 园艺绣球的管理 ·····················

盆栽放置地点

上旬比较炎热，中下旬观察气温，凉爽后就可以去除遮阳网。盆栽也要搬到有阳光的地方。

浇水

发现盆土表面干燥就要补充浇水。

肥料

10天施一次均衡液体肥。

整枝、修剪

本月是园艺绣球长出明年花枝的时节，给予光照，停止修剪，这对于明年的花期非常重要。否则很容易剪掉明年的花芽。

种植、翻盆

移栽和翻盆的好时机，到10月底之前移栽或翻盆都可以保证在冬季霜降前生根，所以如大苗需要换盆或新买的苗需要上盆，尽量趁着秋天完成。注意本次翻盆不可大幅修根，否则会影响花芽生长。

病虫害

有可能出现红蜘蛛、炭疽病、白粉病。

在国外的凉爽干燥气候下，园艺绣球可以持续开放，一直保持到初秋。而我国大多数地区很难看到这样的景象。

79

9月 山绣球的管理

盆栽放置地点

9月上旬比较炎热，中下旬观察气温，凉爽后就可以去除遮阳网，拿到阳光下养护。

浇水

发现缺水就要补充浇水。

肥料

10天施一次均衡液体肥。

整枝、修剪

不修剪。

种植、翻盆

移栽和翻盆的好时机，到10月底之前移栽或翻盆都可以保证在冬季霜降前生根，所以如大苗需要换盆或是买的苗需要上盆，尽量趁着秋天完成。

病虫害

有可能出现红蜘蛛、炭疽病、白粉病。

扦插

本月也是扦插的好时机，这个月剪下枝条扦插可能带有花芽，明年会在小小的植株枝头开出花来，很多日式盆景就是利用这种扦插苗来完成的，喜欢这种风格的人不妨尝试尝试。不过原来的母本花芽会就此减少了。

山绣球是最早结束花期的绣球类别，如果没有修剪，中间的两性花就可能结出种子来。有兴趣播种的人可以收集种子尝试播种。

9月 圆锥绣球和北美绣球的管理⋯⋯

盆栽放置地点

圆锥绣球不用特别遮阴。

浇水

发现缺水就要补充浇水。

肥料

花期10天施一次均衡液体肥。

整枝、修剪

枝头的干花最好剪掉，避免植株营养浪费。

种植、翻盆

移栽和翻盆的好时机，到10月底之前翻盆或移栽都可以保证在冬季霜降前生根，所以大苗需要换盆或新买的苗需要上盆，尽量趁着秋天完成。

病虫害

有可能出现红蜘蛛、炭疽病、白粉病。

天变成美丽的粉红色，剪下来做干花也是很不错的选择。

工作要点

✓ 是否对需要换盆
的植物或新买的植物
进行移栽？

绣球 10 月管理

10 月有很多绣球小苗上市，花市里品种较少，喜欢新
奇品种的可以关注绣球的专业零售网店。

植物的状态：红叶

　　温暖的长江流域也正式进入秋天，随着气温降低，圆锥绣球最后开出的花会带上红晕，颜色更深，也更美丽。修剪后的'无尽夏'开出第二茬花，很多花市的店铺里也有出售秋花的'无尽夏'花苗。而北方则更快进入寒冷期，'安娜贝尔'的残花和圆锥绣球的残花都枯萎变黄，带来浓浓的秋意。

　　本月也是网购绣球大量上市的时候，和春天不同，这时候买的花苗如果种下地，明年就可能长成成型的中型株，所以看上心爱的品种，就在秋天尽早入手吧！

10月 园艺绣球的管理 ·······················

盆栽放置地点

放在阳光好的地方。

浇水

发现缺水就要补充浇水。

肥料

花期 10 天施一次液体肥。

整枝、修剪

本月'无尽夏'开出第二茬花，花后需要进行修剪。

种植、翻盆

移栽和翻盆的好时机，到 10 月底之前翻盆或移栽都可以保证在冬季霜降前生根，所以如大苗需要换盆或新买的苗需要上盆，尽量趁着秋天完成。

病虫害

有可能会出现白粉虱，发现后用黄板捕杀。

'无尽夏'的秋花，不过因为气候原因，花容易褪色，花量也比春季少很多。

10_月 山绣球的管理 ··························

本月很多山绣球开始红叶或黄叶，观察它们的叶子欣赏季节变迁带来的美感吧！

盆栽放置地点

放在阳光好的地方。

浇水

发现缺水就要补充浇水。

肥料

花期 10 天施一次液体肥。

整枝、修剪

不修剪。

种植、翻盆

移栽和翻盆的好时机，到 10 月底之前翻盆或移栽都可以保证在冬季霜降前生根，所以如大苗需要换盆或新买的苗需要上盆，尽量趁着秋天完成。

病虫害

有可能有白粉虱。

山绣球花朵枯萎，叶子发红，出现斑点，都表示它要进入休眠了。

10月 圆锥绣球的管理 ·······················

盆栽放置地点

放在阳光好的地方。

浇水

发现缺水就要补充浇水。

肥料

花期 10 天施一次液体肥。

整枝、修剪

在观赏了一整个夏天后，修剪掉残花，让植物以干净的姿态过冬。

种植、翻盆

移栽和翻盆的好时机，到 10 月底之前翻盆或移栽都可以保证在冬季霜降前生根，所以如大苗需要换盆或新买的苗需要上盆，尽量趁着秋天完成。

圆锥绣球和北美绣球因为植株较大，有时会有裸根苗出售。另外裸根苗移栽后可能还没有来得及生根，耐寒性差，所以最好放在没有加温的室内管理。

病虫害

有可能出现白粉虱。

圆锥绣球最后的灿烂，最好剪掉让它们干净过冬。剪下的花可以做成干花。

Month
11 月
关键词：清理

绣球 11 月管理

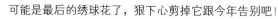
可能是最后的绣球花了，狠下心剪掉它跟今年告别吧！

植物的状态：落叶

　　11 月整体上说天气干燥，晴天较多，趁着晴天，可以给绣球进行清理工作。大部分的老叶开始掉落，没有落得枯叶也可以捋下来，收拾落叶并集中烧毁，可以大幅减少明年的病虫害。

　　11 月下旬后天气变冷，绣球畏干甚于畏寒，如果遇到寒风侵袭，就会从上部开始渐渐枯萎。这时枝条枯萎，花芽也枯萎，只能剪掉，来年就开不了花。不过新枝开花的'安娜贝拉'和'无尽夏'并不会有太大影响。

11_月 园艺绣球的管理 ·····················

盆栽放置地点

有叶子的时候放在阳光好的地方，落叶后可放在背阴地。北方可放在屋檐下、房屋旁、墙根。

浇水

发现盆土表面干燥，就要补充水分。

肥料

花期 10 天施一次液体肥。

整枝、修剪

清理枯叶、残花，让植物以干净的姿态过冬。

种植、翻盆

可以翻盆和移栽新苗。

病虫害

发生过白粉病等病害的落叶要收集烧毁。如果忘记这个工作，翌年即使喷洒除菌剂效果也不明显。

防寒对策

在北方地区要将盆栽移进无加温的室内。中部地区可以用无纺布或稻草包卷绣球外围一圈，防风防寒，但最好不要用不透气的塑料布来包裹。长江流域及以南一般不用防寒。

11 月的绣球园看起来十分萧条，但是在它们正孕育着来年的花芽。

87

11月 山绣球的管理 ·····················

盆栽放置地点

有叶片的时候放在阳光好的地方，落叶后可放在阴地。北方可放在屋檐下、房屋旁、墙根。

浇水

发现盆土表面干燥，就要补充水分。

肥料

花期不施肥。

整枝、修剪

清理枯叶、残花，让植物以干净的姿态过冬。

种植、翻盆

可以翻盆和移栽新苗。

病虫害

发生过白粉病等病害的落叶要收集烧毁。

播种

原生的山绣球有大量可育花，可以结出种子，可尝试收集种子进行播种。当然，到开花还是需要很长时间的。

防寒对策

在北方地区要将盆栽移进无加温的室内。中部地区可以用无纺布或稻草包卷绣球外围一圈，防风、防寒，但最好不要用不透气的塑料布来包裹。长江流域及以南一般不用防寒。

被寒风冻死的山绣球，第二年会从基部发出新叶，但是这些新枝条在当年就开不了花了。

11月 圆锥绣球和北美绣球的管理······

盆栽放置地点

有叶子的时候放在阳光好的地方，落叶后可放在阴地。

浇水

发现盆土表面干燥，就要补充水分。

肥料

花期10天施一次液体肥。

整枝、修剪

清理枯叶、残花，让植物以干净的姿态过冬。

种植、翻盆

可以翻盆和移栽新苗。春天的圆锥绣球小苗经过一年的盆栽养护，基本可以下地了。

病虫害

发生过白粉病等病害的落叶要收集烧毁。

防寒对策

圆锥绣球一般不用防寒。

栎叶绣球在秋天的阳光下。在墙根下它们可以得到一定的庇护，免受寒风的侵袭。

Month

12

月

关键词：施冬肥

工作要点

✓ 是否进行了防寒防风?

✓ 是否开始了施冬肥?

绣球 12 月管理

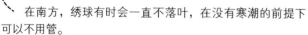

在南方，绣球有时会一直不落叶，在没有寒潮的前提下
可以不用管。

植物的状态：落叶休眠

　　12 月开始真正进入了寒冷的冬季，绣球开始完全落叶，进入了休眠期。但是如果
气候温暖也可能从下旬就开始苏醒，花芽分化也进入尾声。

　　12 月是冬季和 11 月一样，适合大苗的移栽和栽种。虽然有可能冻结，但也还是
应该在移栽后立刻浇水。

12月 园艺绣球的管理 ⋯⋯⋯⋯⋯⋯⋯⋯

盆栽放置地点

放在向阳避风的地方。园艺绣球耐寒性不强，如果寒潮来临，可根据情况采取防寒措施。

浇水

土壤表面干燥后充分浇水。

肥料

12月下旬至翌年2月上旬都适合给予冬肥，以有机肥为宜，但是对秋季以后新种的苗不要施有机肥。用饼肥7份+骨粉3份，混合均匀后，盆径15厘米每盆施10克，盆径18厘米每盆施20克，庭院地栽每株苗施100克。庭院地栽苗施肥后基本不用再追肥，盆栽苗因为基质有限，一次不可给予大量肥料，后面再追肥。

整枝、修剪

参照冬季修剪的要领进行整枝、修剪，因为绣球的花芽多着生在枝条顶端，如果对全部植株修剪，就可能剪掉花芽，明年就开不了花。

种植、翻盆

适合大苗的移栽和栽种。小苗或幼苗耐寒性较差，最好避免在这个时期换盆。

花里的园艺绣球，大部分老叶子都落叶，顶端的新芽在变红。

12月 山绣球的管理 ·····························

盆栽放置地点

放在向阳避风的地方。山绣球特别不耐寒风，如果寒潮来临，最好用无纺布包裹一下。

浇水

土壤表面干燥后充分浇水，山绣球根系纤弱，即使在休眠期完全干透也容易枯萎。

肥料

12月下旬至翌年2月上旬都适合给予冬肥，以有机肥料为宜，但是对秋季以后新种的苗不要施有机肥。用饼肥7份＋骨粉3份，混合均匀后，盆径15厘米每盆施10克，盆径18厘米每盆施20克，庭院地栽每株苗100克。

整枝、修剪

参考冬季修剪的要领进行整枝、修剪。

种植、翻盆

适合大苗的移栽和栽种。小苗或幼苗耐寒性较差，最好避免在这个时期换盆。

在自然界里山绣球就是靠种子繁殖的。

12月 圆锥绣球和北美绣球的管理……

盆栽放置地点

放在向阳避风的地方。圆锥绣球的耐寒性较强，不需要特别进行防寒处理。

浇水

土壤表面干燥后充分浇水。

肥料

12月下旬至翌年2月上旬都适合给予冬肥，以有机肥料为宜，但是对秋季以后新种的苗不要施有机肥。用饼肥7份＋骨粉3份，混合均匀后，盆径15厘米每盆施10克，盆径18厘米每盆施20克，庭院地栽每株苗施100克。

整枝、修剪

参照冬季修剪的要领进行整枝修剪。新枝开花的乔木绣球'安娜贝拉'可以修剪到地面。

种植、翻盆

适合大苗的移栽和栽种。

东北长春的公园里，耐寒的圆锥绣球在 –20℃的大雪天也毫不畏惧。

93

绣球 12 月栽培管理周期表（以园艺绣球为例）

栽培要点	1月	2月	3月	4月	5月	6月	7月	8月	9月	10月	11月	12月
盆栽位置	避风屋檐下		光照				适当遮阴		光照		避风屋檐下	
浇水	表面干燥后充分浇水					及时补水					表面干燥后充分浇水	
施肥	施冬肥					花后施肥			花后施液态肥10天一次		施冬肥	
整形修剪	冬季修剪					花后修剪				第二茬花后修剪	冬季修剪	
种植翻盆	南方可大部移栽、栽种				花后移栽、翻盆							
扦插	休眠枝条扦插				花后绿枝扦插							
防寒	注意倒春寒											

注：根据各地天气情况，可略有调整。

PART 4

绣球种植操作图解

种植裸根苗

种植裸根苗

园艺绣球和山绣球少见裸根出售，但是木质化的圆锥绣球和栎叶绣球在冬季可以买到裸根苗来移栽。

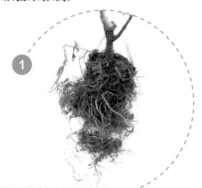

① 这是圆锥绣球的裸根苗，若根部失水比较严重，可在水中浸泡几小时进行补水。

② 在花盆里加入底石。

③ 加入准备好的种植基质。

④ 放入裸根苗，正好在盆中央。

⑤ 再次加入种植基质。

⑥ 大约快到盆边缘下方时稍微整平。

7 加入缓释肥，有机肥不适合直接用于裸根苗，如果没有缓释肥，也可以不施肥。

8 盖上薄薄一层土。

9 稍微拍打花盆，整平。

10 充分浇水，直到底部溢出水。

　　圆锥绣球耐寒性强，裸根苗栽好后可以放在室外过冬。但因为根系没有扎稳，大风可能吹倒苗，最好在大风天气用纸板稍做遮挡，或放在避风处。

冬季翻盆

冬季翻盆

　　夏季或秋季买来的小苗在经过半年的成长，冬季已经长成可以开花的苗，这样的苗在冬季应该为它们翻盆，加大一号花盆，以便于它们在翌年春季更好地生长。'无尽夏'的新枝条也可以开花，但是如果保留老枝条，开花就会早一些，花量也会大一些。

① '无尽夏'小苗在经过半年的生长后，已经长满整个育苗钵，但入冬落叶了。

② 为小苗翻盆，首先准备比原来花盆大一号的花盆，加入底石。

③ 再加入种植基质。

④ 大约加到1/3的高度时，加入缓释肥、有机肥作为基肥。

取出小苗，虽然没有叶子，也要注意不能碰断枝条。

轻轻用手疏松缠绕的根系。

把整理好的小苗放入花盆。

加入种植基质，大约到盆边沿，就可以停止。稍微拍打花盆，整平。

充分浇水，直到底部溢出水。

翌年5月底开花的样子。

冬季修剪

冬季修剪

绣球修剪过的枝条一般不会开花！

1. 绣球的冬季修剪并不像月季那样完全必要，对于大多数绣球来说，冬季的枝条上孕育着来年的花芽，一旦修剪，就会剪掉花芽。

2. 绣球的冬季修剪基本以清理为主，即剪掉枯、弱、病枝，保留健康的枝条。

3. 有时绣球的枝条太过密，还有些枝条长的方向不好，或是已经明显老化，也可以用疏剪的方法剪除这些枝条。

修剪园艺绣球

①

修剪前的样子。

②

剪掉没有芽头的半枯枝条，一直剪到有饱满芽头为止。

③

修剪的正确位置是在饱满芽头上方1厘米。

④

剪掉完全枯萎的枝条。

⑤

清理枯萎的叶片并扔掉，免得残留病虫害。

⑥

修剪完毕。

修剪山绣球

①

修剪前的样子，山绣球有比较多的细枝条。

②

剪掉半枯枝条的枯萎部分，剪口在饱满芽头上方。

③

剪除全枯枝条。

④

剪除过分细弱的枝条。

⑤

修剪完成。

下地种植

下地种植

一般要避开日照过强和过于干旱的地方进行栽植。如果栽植区夏季高温干旱，就应该在栽植时深挖 50 ~ 60 厘米的栽植穴，并在穴内放入腐叶土和堆肥，以促进根向深处生长。土壤除了酸碱度影响花色的变化外，一般不必特别挑选土壤，在富含腐殖质的肥沃土地上生长良好。下地栽植后适当遮阴，叶面喷水，以利缓苗。待新叶长出时进行摘心，促进分枝，及时疏除过密枝、重叠枝，留3~5 枝，以获得良好的株形。下面以栎叶绣球为例，进行讲解。

1

栎叶绣球适合种植在有阳光的地方。

2

挖坑，大约2锹深。

3

在挖出的土壤里加入沙子、腐叶土等基质，改良到疏松。

4 ----------------------------------

　　在穴底放入鸡粪、骨粉等有机肥，再埋一层混合土。

5 ----------------------------------

　　把栎叶绣球苗放入穴底。

6 ----------------------------------

　　加入拌匀的混合土，直到盖住原来的土团表面。

7 ----------------------------------

　　浇水，完成。

花后修剪

　　绣球主要是花后修剪。花后修剪只要在花朵下的第一节修剪即可，其实最好在第一对饱满芽点的上方修剪，剩下2枚叶片进行光合作用，因为矮壮绣球开花更好。此外，花后修剪还包括修剪枯萎枝条、叶片。

　　绣球有3种开花方式，对应3种修剪方法，你可以根据自己绣球的开花方式选择修剪方法。

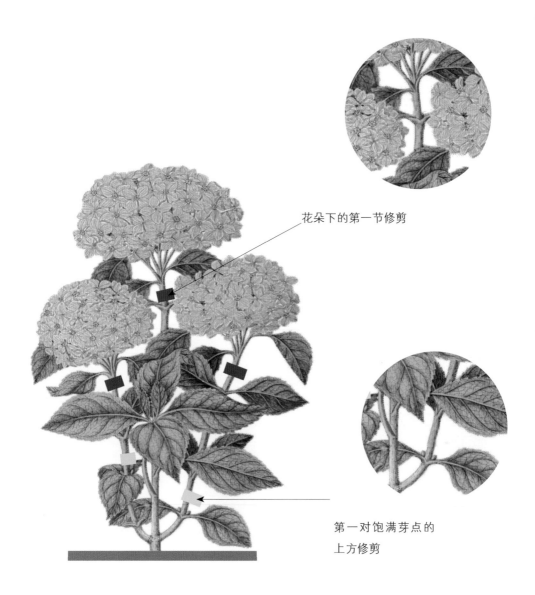

花朵下的第一节修剪

第一对饱满芽点的
上方修剪

开花方式		修剪方法	代表品种
仅老枝条开花	只在上一年秋季已有的枝条上开花	这类绣球须在每年8月以前完成修剪，即在9月至翌年4月这段时间不能有任何修剪、打顶，否则会造成翌年夏季无花可赏。但也有一个例外，就是5加仑以上成株，在冬季落叶休眠后，可以齐根修剪掉一部分木质化的老年枝、细弱枝、枯萎枝，利于整体植株的更新和通风，以做减法的方式将营养留给壮枝、壮芽，获得更饱满的花朵	大部分大花绣球、山绣球、绣球荚蒾（木绣球）品种
仅新枝条开花	只在当年春季新梢上开花	这类绣球的修剪时间非常灵活，可以在秋季花后、冬季落叶前或初春未萌芽前齐根剪掉所有老枝条	乔木绣球、栎叶绣球的所有品种及圆锥绣球的大部分品种
新老枝条都开花	每根枝条都会开花，因此整株花量更大、更丰盛，花朵先后盛开的时间差也会让整个花期看起来更持久	这类绣球应在8月以前完成修剪，万一冬季不小心误剪了，还有少量春季新生的枝条可以开花	'无尽夏''无尽夏新娘''雪舞''佳澄''白色天使'等

花后修剪'无尽夏'

花后修剪'无尽夏'

1 --------------------

'无尽夏'开花的样子。

2 --------------------

'无尽夏'的花朵可以持续很久，但是下面已经可以看到新的叶芽在成长。

3 --------------------

新叶芽需要营养和阳光，如果一直不修剪，就可能耽误下一轮开花。

4 --------------------

剪掉第一个花球，位置在叶芽的上方。

5 --------------------

剪掉第二个花球，位置同样。

6 --------------------

从剪掉的枝条看，就是剪下花和花下的一对叶。

7 - - - - - - - - - - - - -

剪掉所有的花球。

8 - - - - - - - - - - - - -

剪掉枯边和染病的叶片。

9 - - - - - - - - - - - - -

清理盆中的杂草。

10 - - - - - - - - - - - - -

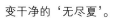

变干净的'无尽夏'。

11 - - - - - - - - - - - - -

在花盆边缘挖开一点土，
加入骨粉等有机肥，缓释肥
也可以。

12 - - - - - - - - - - - - -

修剪后的'无尽夏'。

花后修剪'万华镜'

花后修剪'万华镜'

1 - - - - - - - - - - - - - - -

花后的'万华镜'与强壮的'无尽夏'相比，'万华镜'有较多的细枝条，花球也比较小。

2 - - - - - - - - - - - - - - -

修剪开过的花球。

3 - - - - - - - - - - - - - - -

剪下花球和一对叶子。

4 - - - - - - - - - - - - - - -

继续修剪其他花球。

5 - - - - - - - - - - - - - - -

仔细修剪花球和叶片。

6 - - - - - - - - - - - - - - -

修剪所有的花球。

从根部剪掉中间枯萎的
枝条。

有老化的枝条从饱满的
芽头上方剪断。

细小的花枝也要剪掉。

清理枯叶，修剪完成。

加入骨粉等有机肥。

如果舍不得扔掉剪掉的
花枝，可以插在花瓶里欣赏。

扦插

绣球的扦插

绣球可以采用扦插、分株、压条法进行繁殖。但扦插是繁殖绣球最简单的方式，在绣球花后剪下开花的枝条进行扦插，生根的概率比月季和铁线莲都高很多。而且，绣球枝条只要做好保鲜，还可以承受数天的保存，更适合花友之间交换品种。

准备花盆和湿润的扦插基质。一般是蛭石、珍珠岩和少量泥炭，也可以不用泥炭。

来自花友的馈赠枝条，已经经历了3天左右的运输，但是还十分新鲜。

开过花、没有叶片或芽头的枝条不适合扦插。开过花、有叶片和芽头的枝条以及没有开过花、有顶芽和叶片的枝条才适合扦插。

剪成1~2节为一段。

5

把下部一节的叶片修掉。

6

上部的叶片剪掉一半，顶芽可以完全保留。

7

叶片修剪方法：叶片折叠一下，剪去一半即可。

8

用木棍在盆土表面开一个小孔。

9

插入准备好的绣球枝条。

10

其他枝条也剪成同样适合扦插的插穗。

仔细插好。

扦插完成。

充分浇水，让插穗与土壤贴合。

扦插完成后的绣球放在有散射光的地方，保持土壤湿润，如果天气干燥就喷些水，3~4 周就可以生根。等到有白根从盆下长出来，就可以分株上盆了。

PART 5

常见的绣球品种名录

园艺绣球

符号说明：初 适合初学者

Ⓦ 适合盆栽　　调 可调色

蝴蝶

花形　重瓣、圆瓣、花球形
高度　1~1.5 米
花期　夏季

切花品种。大型花，花瓣圆润，重叠开放非常可爱。玫瑰红或深蓝色，图片不易看出，但实物花朵比其他品种大很多。

皇室褶皱

花形　单瓣、卷边、花球形
高度　1 米
花期　夏季

切花品种。深色花，大型花，边缘带有波浪形花瓣，非常独特。红蓝不定，易开出紫色花。

灰姑娘
Cinderella

花形 单瓣、锯齿、花球形
高度 1米
花期 夏季

初 🪣 调

边缘小锯齿，非常可爱，颜色柔和，可以调色成清新的淡蓝，也可不调。花后变成优雅的古董灰色。

复古腔调
Together Classic

花形 重瓣、花球形
高度 1米
花期 夏季

🪣 调

切花品种。又名'你我的箴言'，花重瓣，整齐的小花非常精致。后期花色会变成灰绿、紫、褐色杂糅在一起非常独特的颜色。

纱织小姐
Miss Saori

花形 重瓣、花球形
高度 0.8 米
花期 夏季

日本品种。英国切尔西花展获奖品种，叶片发红，白色花瓣带有纤细红边，重瓣，根据环境红边可能变宽或是花瓣发红，放在半阴处会开出较清淡的色彩。

泉鸟
Izumidori

花形 重瓣、花环形
高度 0.8 米
花期 夏季

日本品种。花环形绣球，老枝开花，丰花，不育花呈清爽的水蓝色，簇拥着中心喷泉似的蓝色可育花，整体观感清新淡雅。

黑暗天使
Dark Angel

花形　单瓣、花环形
高度　1~1.5 米
花期　夏、秋季

该品种以其紫色的叶片而闻名，搭配浅绿色的叶脉非常美观。最好放置在阴凉处。在秋天，可育花变成绿色，叶片也逐渐变成深绿色。

灵感
Inspire

花形　重瓣、星形、花球形
高度　0.8 米
花期　夏、秋季

切花品种。花瓣纤细，多层重瓣，有些像大理菊花，盛开时十分独特。又名'你我的灵感'。颜色清淡，不调色也很好看。花期长，从初夏开到深秋。

薄荷
Peppermint

花形　单瓣、花球形
高度　0.8 米
花期　夏季

切花品种。单瓣，花瓣白色中间带有"十"字形斑纹，通过调色可变为蓝色，看起来更加清爽。花梗坚硬有力，可以持久，特别适合作为切花材料应用。

妖精之瞳
Fiary's Eye

花形　重瓣、稍有褶皱、花球形
高度　0.8 米
花期　夏季

日本品种。名字很好地诠释了它的特点，其重瓣不育花内收，开起来像一只只小眼睛。颜色可以调节到玫瑰红或深蓝，非常华丽的一个品种。

平顶绣球

花形　单瓣、花环形
高度　1~1.5 米
花期　夏季

（初）

- -

它的花和荚莲非常相似，中心聚集细小的可育花，周围一圈是单瓣不育花，是比较原生的状态，虽然不像花球形绣球那么华丽，但是清新秀美，是小花园不可多得的一个绣球品种。

马雷夏尔
Marechal Foch

花形　单瓣、花球形
高度　0.8 米
花期　夏季

（初）（瓶）（调）

- -

单朵不育花最大可达 4 厘米，多花，很适合调色的品种，从玫瑰红到深蓝色，都非常好看。在花盆里栽培时株型端正，开花位置也低，一款特别适合作为礼物的绣球花。

万华镜
Mangekyou

花形　重瓣、花球形
高度　0.8 米
花期　夏季

日本品种。花瓣纤细，中心带有深色条纹，植株长势一般，稍显柔弱，植株也不大，是近年来的人气新品种。部分植株花瓣颜色会偏浅，花色不佳。

精灵
Pillnitz

花形　单瓣、花球形
高度　1 米
花期　夏季

深红色花带有较宽白边，单瓣，多花，花球较大，开放时很是华美。植株健壮，是养护难度较低的品种。

塔贝
Taube

花形　单瓣、花环形
高度　1~1.5 米
花期　夏季

单瓣，花环形，超大花，开放时好像数只硕大的蝴蝶在枝条飞舞，非常美丽，通过调色可以实现蓝红变化。叶片到了秋天呈紫红色。

雪球
Snowball

花形　单瓣、花球形
高度　0.6~0.8 米
花期　夏季

进入国内很早的品种，白色，单瓣大花，花球也大，有清晰锯齿边，很经典的白色品种。可用作切花，也用作盆花。

无尽夏
Endless Summer

花形　单瓣、花球形
高度　1~1.5 米
花期　夏、秋季

近年来引进国内的著名品种，叶片无光泽，多花，强健。可以新枝老枝均开花，所以即使冬季修剪也不会影响第二年开花。但保留老枝会开花更早。颜色根据土壤酸碱度而变化，我国大部分地区不调色就会开出粉色花。

无尽夏新娘
The Bride

花形　单瓣、花球形
高度　1~1.5 米
花期　夏、秋季

无尽夏系列的白色品种，花粉白色，花球直径至少 18 厘米，叶片无光泽，聚集开放非常动人。花色初为纯白，逐渐出现粉红色。有时会变成极浅的淡蓝或淡粉，多花，花瓣柔软，不太耐晒。

舞姬
Dansu

花形　单瓣、花环形
高度　0.5 米
花期　夏季

初 ▢

日本品种。山绣球杂交品种，花环形。花色玫瑰红，花环排列，其他性质也非常接近山绣球。

头花
Corsage

花形　重瓣、花环形
高度　0.8 米
花期　夏季

初 ▢ 调

花环形。开花较晚，花朵大，几乎可以遮住中间部分。颜色素雅清淡，可为淡粉色或淡蓝色，都很好看。

信子
Nobuko

花形　单瓣、花球形
高度　1 米
花期　夏季

日本品种。紫色带有宽白边的品种，有着淡雅的东方美。出自日本育种家海老原广，后期白边会变成淡绿色，绿色和紫色组合，更加独具一格。

巴黎
Paris

花形　单瓣、花球形
高度　0.8 米
花期　夏季

著名品种，多花，红色，花朵中等大小，端正的菱形花瓣，十分标致。中心部分开出小朵蓝色可育花。即使酸性条件也会开出深红色花，可以作为切花。

卑弥呼
Himiko

花形 重瓣、花环形
高度 1米
花期 夏季

中心小型、周边大型的重瓣花，浓郁的深蓝紫色，非常吸引眼球。直立性很好。不调色则会开出深紫红色，花朵持久性好，有时可以持续到8月初。

彩彩
Saisai

花形 重瓣、花球形
高度 1米
花期 夏季

花瓣细长，尖端偏圆，非常可爱。颜色蓝紫色，花梗长，看起来好像一群紫色的彩蝶在枝头飞舞。

感谢
Arigatou

花形　重瓣、花球形
高度　1 米
花期　夏季

又名感恩、谢谢你。花瓣圆，中心深蓝色，边缘白色，小花聚集开放，好像丁香花般的效果。对酸碱度不敏感，即使不调色也会开出偏紫色的花。

合唱
Utaawase

花形　重瓣、花环形
高度　1 米
花期　夏季

花瓣长，顶端稍尖，重瓣，中间的可育花也是重瓣，整体观感繁复华美。一般为紫色，可以调到深蓝色，效果更佳。

佳澄
Kasumi

花形　重瓣、花球形
高度　1 米
花期　夏、秋季

日本品种。颜色清淡，可为柔和的淡蓝或淡粉。花形介于球形和花环形之间，即外圈花大，内圈花小，大花先开，小花后开，育种者加茂称之为花束形。植株长势好。

一起跳舞狂欢
Let's Dance Rave

花形　单瓣、花球形
高度　1 米
花期　夏季

落叶灌木，是'一起跳舞'（Let's Dance）系列的新一代品种，花色更加浓郁迷人。新老枝条都开花。如果用它打造紧凑型绿篱，每株间隔 70~90 厘米。

魔幻绿火
Magical Greenfire

花形　单瓣、花球形
高度　1~1.2 米
花期　夏、秋季

Magical 系列品种与普通绣球相比，在开花过程中，有神奇的变色过程。这种多色绣球很少见，初开时绿色，然后逐渐出现红色，最后以浓郁的绿色结束。

魔幻小丑
Magical Harlekijn

花形　单瓣、花边、花球形
高度　1 米
花期　夏季

切花品种。花多，花色初开为绿色，逐渐变为粉色或蓝色，花瓣有白边。边缘有时有锯齿，花瓣偏圆形，成簇开放，非常可爱。

魔幻革命
Magical Revolution

花形　单瓣、花球形
高度　1 米
花期　夏季

花瓣小巧圆润，花色呈粉红带绿斑或浅蓝带绿斑。充满神秘色彩。本品是国外很热门的品种，近年来母亲节盆花的主打，也可以作为切花。

魔幻贵族
Magical Noblesse

花形　单瓣、花球形
高度　0.8 米
花期　夏季

花初开时白色，后逐渐转为淡绿色，花朵中心呈紫色。花瓣边缘有锯齿，在魔幻系列里属于大花型。

魔幻珊瑚
Magical Coral

花形　单瓣、花球形
高度　0.8 米
花期　夏季

粉红色带有绿色瓣尖，花瓣小而圆润，非常美丽。整个魔幻系列的色彩在中国的大部分地区都不是特别稳定，浓淡会随环境而变化，但本品基本能显示出标准的珊瑚粉色。

魔幻海洋

花形　单瓣、锯齿边、花球形
高度　1 米
花期　夏季

初开是很独特的黄绿色到浅黄色，尤以此时最为美丽。开放后变成玫粉色或蓝色，相对就比较普通了。

娜娜
Nana

花形　单瓣、花球形
高度　0.8 米
花期　夏季

初 口

日本品种。可育花绿色，不育花白色。娜娜是母亲节的高级盆花，到后期花瓣会变成完全绿色。

千代女
Sayojo

花形　重瓣、花束形
高度　1 米
花期　夏季

口 调

长椭圆形花瓣，可育花和不育花都是重瓣的豪华花束形，不调色是深玫瑰红，调色后是深蓝色，都非常漂亮。

荣格深粉

花形　单瓣、花环形
高度　1米
花期　夏季

具有山绣球血统，深粉红色，花瓣开放到后期会和山绣球一样向后翻转，颜色也开始发绿。性强健，适合花园地栽。

十二单
Junitan

花形　重瓣
高度　1米

花瓣圆形，呈螺旋形彼此交叠，下部花瓣大，上部花瓣小，印象非常独特，令人难以忘怀。颜色淡蓝色，柔美可爱。

手鞠
Temarit

花形 重瓣、花球形
高度 0.8 米
花期 夏季

(初)(□)(调)

日本品种。小型圆角花瓣层叠开放，姿态端庄，有矜持的东方美，与'花手鞠'十分接近。

花手鞠
Temaritema

花形 重瓣、大花、花球形
高度 1~2 米
花期 夏季

(初)(□)(调)

日本园艺品种。落叶灌木，花硕大且丰满，花径约 20 厘米。叶片厚实且浓绿，表面富有光泽，秋天可变成红色。喜欢阳光，但花期应适当遮阴。

斯嘉丽
Scarlet

花形 单瓣、花球形
高度 1米
花期 夏季

虽然名为斯嘉丽（猩红色），但在酸性环境下还是会开出接近海蓝色的花来。本品颜色纯度高，花瓣厚实，持久性好，是很适合盆花和花园的品种。

马林苏打
Marin Soda

花形 单瓣、花球形
高度 1米
花期 夏季

（初）（调）

清爽淡雅的蓝色花，颜色清新，花朵大小适中，枝干强健有力，可以支撑花朵在风雨中直立，是适合花园的品种。

夕景色
Yugeshiki

花形　重瓣、花环形
高度　0.8 米
花期　夏季

调

日本品种。如同名字一样，好像夕阳西下后天空般的深蓝紫色花瓣，重瓣开放，花瓣长条形，日式美感。中心的可育花也是同样的深紫色，非常美丽。

小红椒
Hot Red

花形　重瓣、花球形
高度　0.8 米
花期　夏季

初

大红色品种，初开花瓣带绿心，浓郁的对比色十分好看。在众多的红色品种中属于小型植株，适合盆栽。

许愿星

花形　重瓣、花束形
高度　0.8 米
花期　夏季

初　□　调

深蓝紫色品种，花瓣长条形，有些向内扭卷，数层重瓣但又不显得笨重，花形新颖，颜色也很有个性，十分难得。开花性好。

阿拉莫德
A La Mode

花形　重瓣、花环形
高度　0.8 米
花期　夏季

初　□　调

名字来自法语，是流行、潮流的意思。花瓣白色，中心带有深色条纹斑，对比鲜明。重瓣花，花环形，中间的可育花是深蓝色，整体效果清爽干净，名副其实是一款引领潮流的作品。

星占
Hoshiuranai

花形 重瓣、花束形
高度 0.8 米
花期 夏季

非常精致优雅的重瓣花，深蓝色带有白色花边，外层白边多，内层几乎完全是蓝色，搭配健壮的绿叶，高雅动人。中心的可育花也是重瓣，有的小花瓣还带有白色条纹。

塞布丽娜
Sabrina

花形 单瓣、花球形
高度 1.2 米
花期 夏季

红边品种，有时花瓣边缘出现锯齿，红边有时会晕开，变成淡红色。叶子和新芽也很红，即使不开花也很容易辨认出。

森乃妖精
Morinoyousei

花形　重瓣
高度　1.2 米
花期　夏季
初 调

日本品种。小花重瓣，尖形花瓣，数层开放，非常可爱。颜色淡蓝或淡粉，叶子无光泽，有些类似山绣球。花期长，夏末都会零星开放。

早安
Ohayo

花形　重瓣、卷边、花束形
高度　1 米
花期　夏季
调

花瓣卷曲波浪形，细密锯齿边，中心有大量类似的小花，密集开放，非常华美。花色为纯正的天蓝色，不调色会变成粉红。

细高跟
Spike

花形 单瓣、卷边、花球形
高度 1米
花期 夏季

很著名的卷边品种，花瓣卷皱成波浪形，显得轻盈浪漫。单瓣、大花，淡蓝色，碱性环境会变红。波浪边的翻卷程度也会根据环境发生变化。

爆米花
Aysha

花形 单瓣、花球形
高度 1.5米
花期 夏、秋季

又名爱莎，一个极具个性的品种，花瓣圆形全部向内卷，让你联想到爆米花，十分可爱，本品可以长成1米多高的大株。可做切花，也可做盆栽、地栽。

未来
Mirai

花形　单瓣、花球形
高度　0.7 米
花期　夏季

初 ▢

白色带细红边品种，花瓣小，4 瓣排列成整齐的正方形，在红边组里属于小型品种。有时光照不好，红边会消失。

彼得潘
Peter Pan

花形　重瓣、花束形
高度　0.8 米
花期　夏季

▢ 调

花瓣带尖，白色中间带有蓝色或玫红色心，有些类似'星星糖'，但是本品的可育花也会开成小型重瓣花，有些接近花束形。

婚礼花球
Wedding Boquet

花形　重瓣、花束形
高度　0.8 米
花期　夏季

外围大花和中间小花都是重瓣，组合非常华丽。浅色，会根据酸碱度变为淡蓝或淡粉，两种色都很好看。

小町
Komachi

花形　重瓣、花环形
高度　0.8 米
花期　夏季

日本品种。瓣形规整端正，花瓣大，会把中间部分几乎覆盖起来，颜色深，可调色为深玫瑰红和深蓝紫。颜色大气高贵，是著名的母亲节盆花品种。

红美人

花形　单瓣、花球形
高度　0.8 米
花期　夏季

初 ▢ 调

花球直径可达 12 厘米，颜色深红，花瓣虽然是单瓣，但是看起来热烈喜庆，很受国人欢迎。花多，花球丰满，小苗就可以开出不错的花球。酸性土壤条件下，花球呈紫色。非常适合初学者。

舞会
Dance Party

花形　重瓣、花环形
高度　1 米
花期　夏季

初 ▢ 调

日本品种。花环形长梗，重瓣花。有些类似山绣球'花火'，但是花瓣长，花朵也大，可以调出从深蓝到玫红的不同颜色，运用很广，是人气较高品种。

卡鲁赛尔

花形　重瓣、花球形
高度　1 米
花期　夏季

小型花，尖瓣，端正的多层重瓣，非常优雅的一款。颜色深紫色，也可以变成深紫红。花球大而丰满，适合作为切花。

蓝钻石
Blue Diamond

花形　单瓣、花球形
高度　1 米
花期　夏季

初 调

花瓣圆形，数层重叠，娇美可爱。花球形，在荫蔽的地方花量小，在早晨有阳光的地方可以开出饱满的花球。

千百度

花形　单瓣、花球形
高度　1米
花期　夏季

（初）▢

花瓣圆，聚集开放，雪白，虽然是单瓣花也有很动人的效果。

星星糖
Konpeitou

花形　重瓣、花环形
高度　1米
花期　夏季

（初）▢

著名的条纹重瓣品种，白色底色，中心玫红或亮蓝色，色彩对比鲜明，好像儿童糖果'星星糖'而得名。

白天使
White Angel

花形　重瓣、花环形
高度　1 米
花期　夏季

白色，重瓣，长条形花瓣，花环形开放。花梗长，看起来纯洁又轻盈，是最近花友中很有人气的一个品种。

银边绣球

花形　单瓣、花环形
高度　1.2 米
花期　夏季

叶片带有银边，即使不开花也十分好看，历史悠久的观叶品种，在南方很多城市有栽培。花粉色，中间可育花淡紫红色。

群鹭

花形 单瓣、花环形
高度 0.8米
花期 夏季

白色，锯齿边，有时会出现明显的花边形翻卷。观感清新美丽，是一款仙气十足的品种。

城市线里约
Cityline Rio

花形 单瓣、花球形
高度 1米
花期 夏、秋季

花朵大且紧凑，蓝紫色品种，中间夹杂绿色，在任何花园中都可以脱颖而出！种植位置至少保证6小时光照，花朵显色更好。该品种耐盐、耐霉。

城市线火星
Cityline Mars

花形 单瓣、花球形
高度 0.3~1 米
花期 夏季

一种很小巧的灌木，花朵非常独特，紫红色镶白边。这些灌木在海边表现良好，喜欢潮湿的环境，耐霉。

鲁亨
Alpengluhen

花形 单瓣、花球形
高度 1~1.5 米
花期 夏季

德国品种。如果你想在花园里种下一株粉红色的绣球。一定选择它，因为在酸性土壤中，这种绣球也不会变色，花朵仍保持深粉红色至红色。

山绣球

城之崎
Jougasaki

花形　重瓣、花环形
高度　1 米
花期　夏季

初　调

日本传统品种。可能是最早发现的自然产生的重瓣绣球，是很多园艺品种的亲本，花环形，会随酸碱度变化。

红
Kurenai

花形　单瓣、花环形
高度　1 米
花期　夏季

初

山绣球中极有特色的一种，几乎接近大红色，单瓣，不育花常开出三瓣花，非常特别。如果光线不好可能变成白色。

花吹雪

花形　单瓣、花球形
高度　1.2 米
花期　夏季

初 🔲

山绣球中比较大型而且强健的品种。白色锯齿边，小花聚集开放，花球形。中心两性花淡蓝色，所以看起来有些像花瓣也是蓝色。

花火
Hanabi

花形　重瓣、花环形
高度　1.2 米
花期　夏季

初 🔲

日本品种。又名隅田川花火，花环形，花梗很长，看起来好像夜空中射出的烟火一样。虽然是重瓣花，但是轻盈美丽。

金色日出
Goldie

花形　单瓣、花环形
高度　1米
花期　夏季

日本观叶品种，叶片初生时是柠檬黄色，和其他绣球种植在一起有彩叶效果。花色白，淡雅优美。

恋路之滨
Koijigahama

花形　单瓣、花环形
高度　1米
花期　夏季

日本观叶品种，白色斑纹，叶子细长，花小，淡色。与银边八仙花类似，但是叶子更细，条纹也更散。

美加子
Japanew Mikako

花形　单瓣、花球形
高度　1.2 米
花期　夏季

山绣球的园艺品种。白色花带有纤细的紫色边缘，秀气的小花球形，类似形态的品种很多，但是本品是少有在酸性土壤里花边能变成紫色的品种。

清澄泽
Kiyozumi

花形　单瓣、花环形
高度　1 米
花期　夏季

白色花带有纤细的红色花边，小花球，非常迷人。有时因光照等原因花边会模糊不清。该品种是很多带花边品种的亲本。

田字
Tanoji

花形　单瓣、花环形
高度　1.2 米
花期　夏季

开花时好像一个个"田"字，4 瓣小花，颜色和造型都很素雅清新可人。

深山八重紫
Miyama-yae-murasaki

花形　重瓣、花环形
高度　0.8 米
花期　夏季

在酸性环境下可以开出美丽的紫色花，重瓣，是山绣球中的名品。

雪舞
Yukimai

花形　重瓣、花环形
高度　0.6 米
花期　夏季

日本小型品种，花重瓣，圆润可爱，纯净的白色。比较松散的圆球形。

伊豆之华
Izunohana

花形　重瓣、花环形
高度　0.6 米
花期　夏季

日本传统品种，花瓣细长，重瓣，呈清秀的紫色。该品种是产于伊豆半岛的天然重瓣种，也是很多品种的亲本。

紫风

花形 单瓣、花环形
高度 0.8 米
花期 夏季

日本品种。单瓣，淡蓝紫色，4 瓣向外开。可育花和周围花瓣的组合十分端正，是一款具有日式美感的品种。

姬绣球
Himeajisai

花形 单瓣、花球形
高度 1.5 米
花期 夏季

日本原生变异品种。小花型绣球，花序圆球形，花梗长，开放时非常清秀。在酸性环境下呈淡雅的水蓝色。日本镰仓著名的绣球寺院即种植此品种。

碧瞳
Aonohitomi

花形　花球形
高度　1 米
花期　夏季

日本品种。让人难以想象的绣球花奇特花形，其实本品来自绣球的近亲'常山属'。蓝色可育花，没有不育花，非常独特。开放时好像粒粒蓝色的小珍珠，可以用于切花。

雾积
Kirizumi

花形　单瓣、花球形
高度　0.6 米
花期　夏季

名字来自原产地雾积高原，花白色，圆球形，与纤细的叶子相比更显得圆润可人。

白富士
Shirofuji

花形　重瓣
高度　0.6 米
花期　夏季

日本富士山区的自然变异种。叶片深绿，细长。花重瓣，白色，后期变绿，全部是不育花，花梗细，垂吊向下开放。

白常山

花形　单瓣
高度　0.6 米
花期　夏季

花朵未开放时包在苞片内，好像一个个小小的圆球，打开后露出白色花，花瓣薄，半透明，甚是清秀。特别适合日式盆景的一款品种。

虾夷绣球

H. serrata var. *yezoensis*

花形 单瓣、花环形
高度 1米
花期 夏季

初

日本北海道地区原生种，蓝色单瓣，花环形，叶片大，强健。耐寒性佳，常用作育种亲本。

富士之泷

Fujinotaki

花形 单瓣、花环形
高度 0.6米
花期 夏季

初

日本富士山区自然变异种，花瓣圆，重瓣，层叠开放好像折纸花。

宵之星

花形 单瓣、花环形
高度 0.6 米
花期 夏季

日本品种。深紫色或深红色，带有白色条纹，育种者加茂说本品性质比普通山绣球弱，耐寒性也稍差，适合在日式庭院的荫蔽处等待它慢慢成长。

栎叶、圆锥
和乔木绣球

雪花
Snowflake

花形　重瓣、圆锥形
高度　1~2 米
花期　夏季

栎叶绣球。大型圆锥形花序，长度可达 30 厘米，非常华美，可以持续很长时间。初期白色，后期转红，耐旱，性强健，也是栽培最多的栎叶绣球。

盖茨比之星
Gatsby Star

花形　重瓣、星形、圆锥形
高度　1.8~2.5 米
花期　夏季

栎叶绣球中非常特别的星形重瓣品种。老枝开花。叶片在春、夏季是绿色，到了秋天就会变成红色。

和谐
Harmony

花形　重瓣、圆锥形
高度　1~2 米
花期　夏季

栎叶绣球中的新品，花序较短，有些接近圆形，花朵密集，更加紧凑。

无敌贝拉安娜
Incredibal

花形　单瓣、花球形
高度　1.2~1.5 米
花期　夏、秋季

著名的乔木绣球品种。新老枝条都开花。花球巨大，花径最大可达 30 厘米。初夏时花呈淡绿色，之后变成白色，最后恢复为绿色。能耐 –30℃低温。可应用于花境、花海、切花。

粉色安娜贝拉
Pink Annabelle

花形　单瓣、花球形
高度　1~1.5 米
花期　夏、秋季
初 🪣

　　'安娜贝拉'的改良品种，花球比白色'安娜贝拉'小很多，直径 10 ~ 15 厘米，初开玫瑰红，后期变深红。

无敌利美达
Invincibelle Limetta

花形　单瓣、花球形
高度　0.8 米
花期　夏、秋季
初 🪣

乔木绣球品种。矮生灌木。初夏开花时呈石灰绿，白色逐渐增加，最后以深绿色结束。新老枝条都开花。

超级迷你莫维特
Invincibelle Mini Mauvette

花形　单瓣、花球形
高度　0.8~1 米
花期　夏、秋季

原产北美，乔木绣球品种，耐寒能力强。非常适合大规模种植。

星尘
Star Dust

花形　重瓣
高度　1~1.5 米
花期　夏、秋季

乔木绣球。'安娜贝拉'的重瓣品种，花细小，集群成不规则的圆形，非常独特。

圆锥绣球
Hydrangea paniculata

花形 单瓣、圆锥形
高度 1~1.5 米
花期 夏、秋季

初

圆锥绣球的原生品种。白色花，单瓣，集成圆锥形花序，可在枝头持续很久。

安娜贝拉
Annabelle

花形 单瓣、花球形
高度 1~1.5 米
花期 夏、秋季

初

乔木绣球的代表品种，又名'安娜贝尔''贝拉安娜'。花大，单瓣聚集，好像一个个白色棒棒糖。花园和盆栽效果俱佳。

香草草莓
Vanille Fraise

花形 单瓣、圆锥形
高度 1~1.5 米
花期 夏、秋季

圆锥绣球的新品种。在北方寒冷地区可以开出淡粉色的圆锥形花，后期花色变红，南方则因夏季炎热，花色偏白色。但是到了秋季会渐渐变成粉色。

小石灰灯
Lime Light

花形 单瓣、椭圆形
高度 1~1.5 米
花期 夏、秋季

圆锥绣球里的名品。花朵密集成椭圆形的花序，纯净的白色，入秋变冷后残花转为粉红色，观赏期很长。

雪化妆
Yukigeshou

花形　单瓣、圆锥形
高度　1~1.5 米
花期　夏、秋季

初

圆锥绣球的花叶品种。叶子上带有黄色刷纹，花白色，单瓣。

白玉

花形　单瓣、圆锥形
高度　1~1.5 米
花期　夏、秋季

初

圆锥绣球的经典品种。白色花，单瓣，集成圆锥形花序，可在枝头持续很久。

威姆斯红
Wims Red

花形 单瓣、圆锥形
高度 1.5~2.5 米
花期 夏、秋季

圆锥绣球品种。初花时花朵呈白色，之后逐渐变成粉红色，秋天变成深红色，叶子也变成红色。茎粗壮，可抵御强风。整个花期散发着蜂蜜般的甜香味。如果想要观看它完整的花色变化，需要保证土壤酸性、疏松。

唯一
Unique

花形 单瓣、圆锥形
高度 1.2~1.5 米
花期 夏、秋季

圆锥绣球品种。初花时白色的花朵呈现出略带紫色的粉红色调，散发着甜美宜人的气味。喜欢阳光明媚的地方，光照不足，花朵稀疏，植物生长缓慢。

藤本绣球
和荚蒾

藤绣球

Hydrangea petiolaris

花形　单瓣、花环形
高度　5 米
花期　夏季

原生种。藤本绣球，原生于中国东北等亚洲北部地区。从枝条生出气生根来沿着树木或墙壁攀缘，花白色，花环形，素雅美丽。

冠盖绣球

Hydrangea anomala

花形　单瓣、伞房形
高度　2~4 米
花期　5~6 月

原生种。藤本绣球。伞房形花序，结果时直径可达 30 厘米，不育花萼片 4，可育花多数，密集，花瓣连合成冠盖状花冠，顶端圆或有时略尖，花后整个冠盖立即脱落。国内园艺店售卖的藤本绣球，多是冠盖绣球的园艺品种。

攀岩绣球
Schizophragma roseum

花形　单瓣、伞房形
高度　4 米以上
花期　7~8 月

初

原产北美。赤壁木属的植物，常绿攀缘状灌木，常具气生根。

钻地风
Schizophragma integrifolia

花形　花环形
高度　4m 以上
花期　6~7 月

又名岩绣球，攀缘藤本。原产中国南部，生长在低海拔山坡的杂木林中或攀缘在林缘的树上，亦可蔓延在大岩石上。性喜阳，耐半阴。花只有一片花瓣，十分有趣，有粉色和白色的园艺种。喜好湿润、凉爽的环境以及富含腐殖质的酸性黄壤土。

钻地风玫瑰

Schizophragma Roseum

花形　单瓣、伞房形
高度　4 米以上
花期　6~7 月

又名日本绣球藤，产于日本及我国。攀缘藤本，与冠盖绣球很相似，但花期稍晚，不育花为淡粉色，仅一片萼片，秋季变成棕色，不脱落。非常耐阴。喜肥沃、排水良好的土壤。叶片绿色，带有轻微的红色。

它们也是绣球吗？

　　前文看过这么多千姿百态的绣球品种，其中不乏完全让人想不到的形态。不过，园艺界还有一些植物的形态和绣球十分相似，却冠以绣球之名，其中最常见的就是忍冬科荚蒾属植物。下面我们就来看看这些很像绣球但又不是绣球的植物吧！

中华木绣球

Viburnum macrocephalum

花形　单瓣、花球形
高度　4~5 米
花期　4~5 月

落叶或半常绿灌木，高达 4 米。芽、幼枝、叶柄及花序均密被灰白色或黄白色簇状短毛，聚伞花序直径 8~15 厘米，全部由大型不育花组成，花冠白色。本种是近年来比较常见的绿化园艺种，江苏、浙江、江西和河北等省均有栽培。

雪球荚蒾
Viburnum plicatum

花形　单瓣、花球形
高度　4~5 米
花期　4~5 月

又作粉团荚蒾，粉团。为园艺种，落叶或半常绿灌木，我国长江流域栽培广泛栽培。喜光照，略耐阴，性强健，耐寒性不强。

欧洲荚蒾
Viburnum opulus

花形　花环形或花球形
高度　1.5~4 米
花期　5~6 月

又名欧洲木绣球。具有很强的耐寒性、较强的耐旱能力，目前我国主要在北方有引种栽培。欧洲荚蒾的花序有两个类型，一种是圆球形，另一种是花环形。

欧洲荚蒾 '玫瑰'
Viburnum opulus
'Roseum'

花形　花球形
高度　2 米
花期　5~6 月

欧洲荚蒾中较为新颖的品种，花雪白，球形，叶子三浅裂，有些像葡萄叶。可以从植株较小时就开始开花。

园艺荚蒾粉 '玛丽'
Vibrnum plicatum 'Mary Milton'

花形　花球形
高度　2 米
花期　5~6 月

粉色花，球形聚集开放，株型比起绣球更具直立而少横张性，是近年来国外园艺界的新宠。

地中海荚蒾
Viburnum tinus

花形　单瓣、伞形
高度　2~7 米
花期　初冬至翌年夏初，盛花
　　　　期春季

常绿灌木，树冠呈球形。叶椭圆形，深绿色，叶长 10 厘米，聚伞花序，花蕾粉红色。花序宿存，一年中可常见有花植株。

北方荚蒾
Viburnum hupehense
subsp. *septentrionale*

冬芽无毛，叶较宽，圆卵形或倒卵形。上面被白色简单或叉状伏毛，下面有黄白色腺点，花冠有时无毛。分布于河北、山西、陕西南部、甘肃南部、河南西部、湖北西北部和四川东北部。

皱叶荚蒾
Viburnum rhytidophyllum

花形　单瓣、伞形
高度　4 米
花期　4~5 月

粗壮的体型，全体被厚茸毛，叶革质，叶面呈明显皱纹状，卵状矩圆形至卵状披针形，全缘或有不明显小齿，幼时疏被簇状柔毛，后变无毛。果实红色，后变黑色。分布于陕西南部、湖北西部、四川东部和东南部及贵州。

蝴蝶荚蒾
Viburnum plicatum var.
tomentosum

花形　单瓣、花环形
高度　3 米
花期　4~5 月

又叫蝴蝶戏珠花，叶较狭，卵形。花序外围有 4~6 朵白色、大型的不育花，具长花梗。分布于产陕西南部、安徽南部和西部、浙江、江西、福建、台湾、河南、湖北、湖南、广东北部、广西东北部、四川、贵州及云南。

合轴荚蒾

Viburnum sympodiale

花形 花环形
高度 10 米
花期 4~5 月

叶纸质，卵形，边缘有不规则牙齿状尖锯齿。花开后几无毛，周围有大型、白色的不育花。分布于陕西南部、甘肃南部、安徽南部、浙江、江西、福建北部、台湾、湖北西部、湖南、广东北部、广西东北部、四川东部至西部、贵州及云南东南部、东北部和西北部。

鸡树条

Viburnum opulus var. *calvescens*

花形 花环形
高度 4 米
花期 5~6 月

树皮质厚。小枝、叶柄和总花梗均无毛。叶下面仅脉腋集聚簇状毛或有时脉上亦有少数长伏毛。分布于黑龙江、吉林、辽宁、河北北部、山西、陕西南部、甘肃南部，河南西部、山东、安徽南部和西部、浙江西北部、江西（黄龙山）、湖北和四川。

常见问题 Q&A

Q 绣球的光照条件是什么?

绣球最适宜在上午全光照,中午和下午半阴的条件下生长。要注意绣球只是不耐全光照,并不是喜阴,所以选择种植位置的时候不能选过于郁闭。

Q 绣球不开花了是什么原因?

1. 修剪不当。大多数情况是因为冬剪剪掉了枝条先端,花芽也随之剪掉,所以就不开花了。花友们一定要注意,冬剪期(12月至翌年2月)主要是对枯枝、过细枝和无花芽枝进行剪除。

2. 摘心过晚。扦插苗在7月上旬移栽成活后,在8月下旬刚摘心后就不开花了。发生这种情况多数是因为摘心晚了。花芽从10月开始分化,摘心太晚花芽发育不充分。为此,应在从7月下旬至8月上旬进行摘心。

3. 寒害。一般表现为植株基部芽完好,枝端芽枯黑,不开花。因为绣球的顶端芽没有被包裹起来,非常容易受寒害。特别是在温度连续上升的时期,芽已经开始萌动,这时如突遇寒冷(即"倒春寒"),极易受到伤害。因此,防寒时要把枝条的先端作为重点,一般可以采取保温席或稻草等进行覆盖。另外,栽植地点应尽量避开寒风的地方。寒冷地区栽培时,要选择耐寒的种类和品种。

Q 绣球的花越来越小怎么办?

主要是因为植株老化造成的。因此,让植株"返老还童"是非常有必要。一般在花后进行分株。确定好新芽和萌蘖根,将盘结在一起的根系分解开,尽可能少伤根,用利刀将分蘖苗和母株相连部分切割开,分别栽植即可。每3~4个芽分一株,根也切短,土全部抖落后用新土移栽即可。

Q 花原来是蓝色怎么变成紫红色了?

主要是因为土壤酸碱度发生了变化。如果想让你的绣球变成浓郁的蓝色,可以用硫酸铝溶液处理绣球栽培土壤,降低栽培土壤的pH,促进绣球根系对Al^{3+}的吸收,从而提高花瓣蓝色的浓郁度和纯度。一般当绣球展叶3~5片时,用0.5%的硫酸铝溶液每7天浇施1次,直至开花后停止施用。同时要注意水的pH不应高于5.6。网购调色剂的剂量一定要按照说明使用,过量会发生枯叶片、枯枝条、黑杆等。

Q 扦插应选在什么时候?

只要温度适宜,大多数时间都可以进行扦插。若从植物生根发芽这个角度来说,没有哪一个季节能胜任春季。但如果春季修剪枝条并进行扦插,会影响母本当年的花期和花量。因此,最好,结合修枝及花后修剪实施扦插。大花绣球的扦插最好选在5~9月,圆锥绣球5月,栎叶绣球9月。

Q 扦插对基质有什么要求？

扦插基质要有良好的透气性及适度的保水能力。大花绣球基质可选用泥炭和珍珠岩（容积比为3：1）的混合基质，圆锥绣球可选用河沙或珍珠岩，栎叶绣球可选用河沙。注意基质千万不能带肥料，因为绣球此时没有根，无法吸收养分，而且还特别容易烧死植株。

Q 扦插应选什么样的插穗？

为提高扦插的成功率，尽量选择嫩绿健壮的、腋芽处有芽点的枝条作为插穗，不要选择木质化程度高的老枝，插穗具体长度可根据节间长来决定，一般留有1~3个节的长度。去掉插穗下部叶片，插穗顶部保留2~3枚叶片，每枚叶片剪去1/2，枝条底部一定要保留一个斜口，作业中注意保持插穗湿润。

Q 扦插后如何浇水？

很多花友查到的资料显示，绣球扦插后应天天浇水保持基质湿润。其实并不需要天天浇水，而是要多多观察，适时浇水。当基质八成干时再浇水，湿度不宜太大，否则容易腐烂，造成黑杆。

Q 有些品种的绣球花后不凋落，是否应该剪掉？

有些绣球品种花期很长，到了秋天可以变成红色或者深绿色，非常好看，但是建议不要停留太长时间，剪掉可以插在花瓶里观赏，也可以吊起来制作干花。否则容易消耗太多养分，不利于来年开花。

Q 修剪需要注意什么？

残花修剪要修剪至第一对芽点的上方，寒害影响的枝条剪至第一对健康芽之上，枯死枝条直接从基部剪断。另外在绣球生长过程中要经过多次摘心处理，一般可从幼苗成活后，长至8~10厘米高时摘心，促使下部腋芽萌发。腋芽萌发后，选留3~4个中上部新枝，将其余的腋芽全部摘除。通过几次摘心后，植株的株型就比较丰满优美，大大提高了观赏价值。

Q 绣球应如何浇水？

绣球对水的需求量很大，所以有很多花友每天都给绣球浇水。但其实应该视情况而定，综合考虑养护环境等因素，不能单纯通过时间来决定浇水的次数。夏季绣球对水的需求量最大，早晨浇透水，傍晚缺水又萎蔫了，这种情况我们就需要每天给绣球浇水，甚至一天浇水2次，而且要浇透水。绣球浇水要细水慢浇，如果土壤板结也不利于根部吸收水分，要松土才可以。还有，就是地栽要处理好排水，不能积水，积水会烂根，烂根之后也会蔫，一点儿也不经晒。冬天干透了才浇水。

图书在版编目（CIP）数据

绣球初学者手册 ／ 新锐园艺工作室组编．－2版
．— 北京：中国农业出版社，2020.1（2023.3重印）
（扫码看视频．种花新手系列）
ISBN 978-7-109-26095-5

Ⅰ．①绣… Ⅱ．①新… Ⅲ．①虎耳草科－观赏园艺－
手册 Ⅳ．①S685.99-62

中国版本图书馆CIP数据核字（2019）第241539号

XIUQIU CHUXUEZHE SHOUCE

中国农业出版社出版
地址：北京市朝阳区麦子店街18号楼
邮编：100125
责任编辑：国　圆　郭晨茜　　责任校对：沙凯霖
印刷：北京中科印刷有限公司
版次：2020年1月第2版
印次：2023年3月北京第2次印刷
发行：新华书店北京发行所
开本：700mm×1000mm　1/16
印张：11.5
字数：260千字
定价：49.00元